杭州市科学技术协会科普专项资助

转基因的真相与误区

Truth and Misunderstanding for Genetically Modified Food

沈立荣 编著

中国轻工业出版社

前言 Preface

近年来，转基因生物和转基因食品及其相关问题在中国乃至世界范围内备受关注，引发激烈的争论。社会公众在转基因技术的发展、转基因食品的安全性、转基因作物的商品化及推广的可行性、转基因生物监管政策的制定、伦理学问题等方面的争议，使得"转基因"在中国成为一个复杂而影响广泛的问题。

我们不妨先分析一下中国的国情。我国人均耕地面积仅为世界平均水平的40%，预计未来20年，我国需要增加30%~50%的粮食产量才能满足人口不断增长的需求。病虫危害、土壤污染和退化、水资源短缺及劳动力流失等众多因素时刻威胁着我国农业和粮食安全，农业部门面临着艰巨的任务，而这些问题也会随着气候变化而加剧。因此，目前粮食安全问题在中国十分紧迫。为保障我国的粮食安全和重要农产品有效供给，必须走科技创新之路，在转基因这项高技术领域占有一席之地，掌握话语权。"中央一号文件"在过去几年一直聚焦农业问题，其中特别提到了种子产业和转基因技术。表明政府确实意识到转基因技术对于解决粮食问题的重要性，并且大力投资转基因的研发工作。

习近平总书记对我国转基因技术高度重视。他在2013年12月23日中央农村工作会议上指出，"转基因是一项新技术，也是一个新产业，具有广阔发展前景。作为一个新生事物，社会对转基因技术有争论、有疑虑，这是正常的。对这个问题，我强调两点：一是要确保安全，二是要自主创新。也就是说，在研究上要大胆，在推广上要慎重。"

邓小平同志早在1988年就提出："将来农业问题的出路，最终要由生物工程来解决，要靠尖端技术。"生物技术从那时起就开始作为国家技术革命的重要组成部分。2009年国务院发布《促进生物产业加快发展的若干政策》，提出"加快把生物产业培育成为高技术领域的支柱产业和国家的战略性新兴产业"。

2008年，中国启动了一项为期12年、投资250亿元的计划，以推动转基因技术的研究与发展。在此期间，中国的转基因技术研究取得了巨大进展，数以百计的田间试验被批准实施，6个转基因作物已颁发了安全证书。2009年，政府为两个转基因水稻品种颁发了安全证书，但是转基因技术的研究与发展项目进展缓慢以及公众对转基因的误解使中国科学家倍感失望。自*Bt*棉花（一种转基因棉花）取得巨大成功之后，转基因作物商业化种植在中国已经停滞多年。与此同时，国际上转基因技术的发展非常迅猛。2013年，全球转基因作物的种植面积已达到1.75亿公顷，而中国转基因作物的种植面积为420万公顷，十年间排名由第4位跌至第6位，且主要种植的是*Bt*棉花。中国正面临被世界其他国家超越的风险，这将对粮食安全造成严重影响。

中国每年进口的玉米、大豆和油菜籽相当于中国所有作物总产量的12%左右。其中，2017年仅转基因大豆就达9600万吨。如果不借助转基因技术大幅提升产量，中国对进口作物的依赖程度将继续增长，造成严重的粮食安全问题。

社会公众对转基因生物伦理和生物安全性问题的关注是影响我国转基因技术发展的重要原因。我们发展转基因作物是为了保障国家食物供给安全，最终将安全的食物提供给消费者。当然，即使它们是安全的，如果没人买也没有意义。除非公众态度发生比较大的变化，否则政府批准转基因作物的商业化生产会面临非常大的困难。

专家调查显示，在过去5年里，公众的态度由基本中立转向了否定。实际上大多数人并不了解转基因技术是什么，但却反对其商品化。这与我们的科学家没有很好地将转基因技术及其重要性传播给公众有很大关系。随着我国经济的快速发展，大多数人的基本生存已没有问题。公众真正关心的是转基因食品是否安全（不仅仅是对他们自己，也包括对他们的后代），以及转基因作物是否会对环境和生物多样性造成破坏。在公众还没有得到正确的信息时，非常容易被那些声称转基因农作物不安全的负面报道所影响。

有关转基因作物的争论不仅涉及科学或经济学，更涉及包括科学与社会的关系、伦理、文化、传统甚至宗教等在内的一系列问题。一个主要问题是，中国仍然使用着一种过时的科学传播方式，即科学家把他们的科学发现告诉公众，公众再被动地理解和接受。这种方法存在很大问题，且效果极差。国际上比较通行的风险交流的方式是提倡专家和诸多利益相关者之间展开包括不同观点与主张在内的平等对话，而不仅仅是由科学家单方面传达信息给公众。

对专家的严重不信任也导致了针对转基因技术的激烈争论。相关科学家说转基因作物是安全的，但并没有说服公众。有些人怀疑那些专家是否从中存在利益关系，将会从转基因作物商品化过程中获得经济利益。

本书提供了比较全面的转基因生物和转基因食品科普知识，希望它有助于社会公众对转基因技术有比较客观而全面的了解，消除对转基因生物和转基因食品的误解和恐慌。

国家农业农村部农产品质量安全中心寇建平副主任承担了本书的审稿工作，在此表示诚挚的感谢！

沈立荣

2018年12月于浙江大学

目 录 Contents

绪论

转基因生物和转基因食品常识

转基因生物和转基因食品的种类及其安全性

转基因生物和转基因食品的谣言与误区

未来转基因生物和转基因食品的发展趋势

相关信息

参考文献

第1部分

绪论

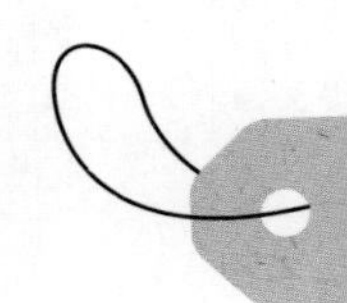

基因的本质和功能

20世纪末以来，全球农业出现了粮食产量增长放缓的现象，化肥、农药用量猛增，因土壤、水质等问题，农业生态环境不堪重负，“第一次绿色革命”已不再“绿色”，名存实亡。老百姓暂时看不到的这些粮食危机才是真正的不安全因素，是亟待解决的问题，而转基因技术正是“第二次绿色革命”的先驱之一。

古时男耕女织，人们都知道种瓜得瓜、种豆得豆。可是古人并不明白这其中有基因的功劳。古往今来，宏观世界越来越小，微观世界越来越大，人们在探索浩瀚宇宙的同时，也发现了肉眼看不到的细胞、染色体、脱氧核糖核酸（DNA），以及遗传的主角——基因。不仅如此，人们在微观世界里的能力也不断增强，可以轻松自如地操控基因，让瓜越来越甜，豆越来越大。

基因——生命的遗传密码

基因为英文名词gene的音译，是DNA分子中含有特定遗传信息的一段核苷酸序列的总称，是具有遗传效应的DNA片段，是控制生物性状的基本单位，是生物体内进行自我复制并能稳定传给后代的遗传物质，是生命基本的密码，记录和传递着遗传信息。究其化学本质，所有基因是由腺嘌呤（A）、鸟嘌呤（G）、胞嘧啶（C）、胸腺嘧啶（T）这四种核苷酸（碱基）两两配对排列组合而成的DNA片段，是长长的ATCG双链条分子。

基因是怎么自我复制、稳定遗传的呢？细胞复制时，ATCG双链条会打开变为单链，细胞中游离的A、T、C、G会在装配酶的作用下按照A—T、C—G的配对规则，以两条单链为模板组装，单链重新变成双链，整个过程仿佛像人们穿衣服时拉拉链一样。基因稳定的复制是亲子代间性状稳定遗传的基本保障。

那么，基因是如何决定新陈代谢以及生物性状的呢？生物细胞内所有蛋白

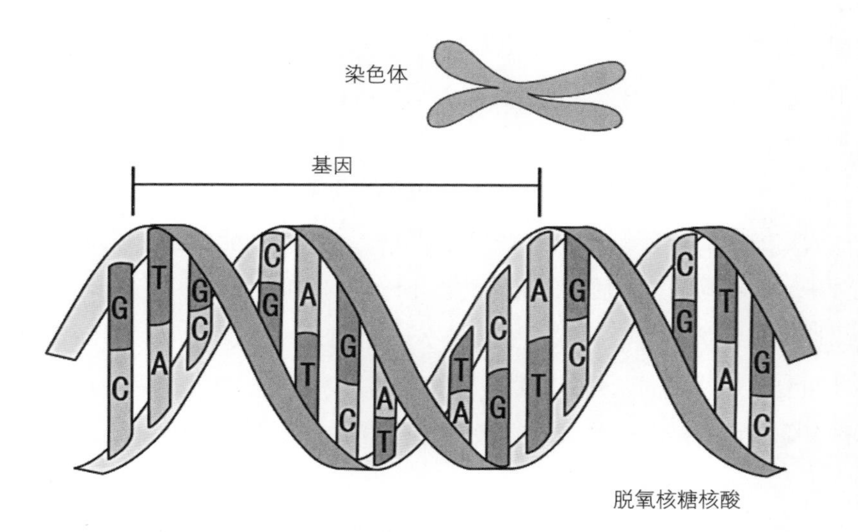

基因的结构

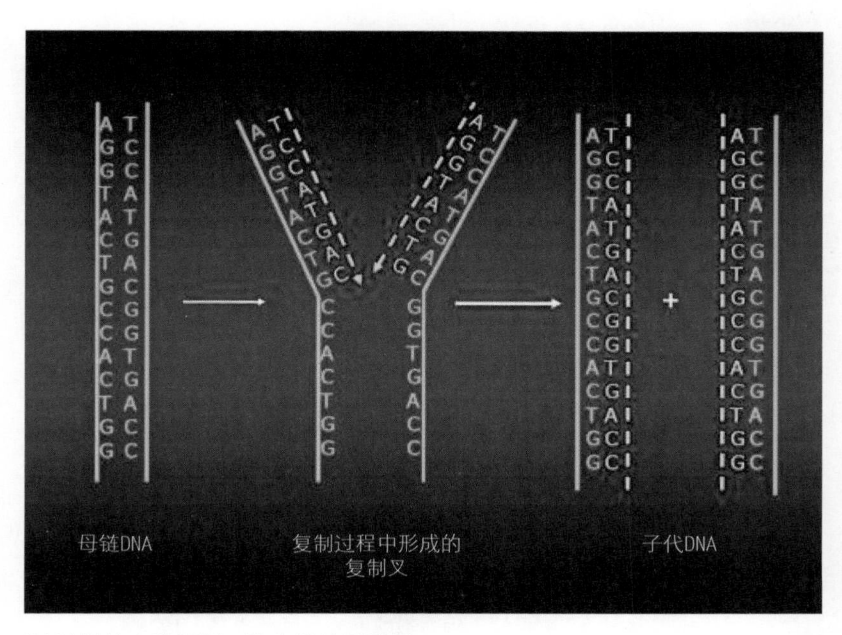

DNA链的自我复制、稳定遗传示意图

质都由20种氨基酸组成，不同氨基酸排列组合构成不同的蛋白质，而蛋白质的不同决定着生物的性状。奇妙的是，组成蛋白质的氨基酸序列是由基因的核苷酸序列决定的。我们知道4个汉字可构成一个成语，这个成语能表达固定的含义。基因亦然，每3个字母（ATCG任选3个）组成一个密码子，这个密码子也能表达固定的意义——某种特定的氨基酸。不同基因能表达成不同的氨基酸链分子，即不同的蛋白质，从而表达出不一样的生物性状。

遗传基因仿佛一篇文章，里面的字只有4个——A、T、C、G，这4个字不断重复，形成不同队列；字数不同和字的排序不同，文章的意思也就不同。基因又像一篇乐谱，仅用4个音符就能谱写出千奇百怪的生命之歌。

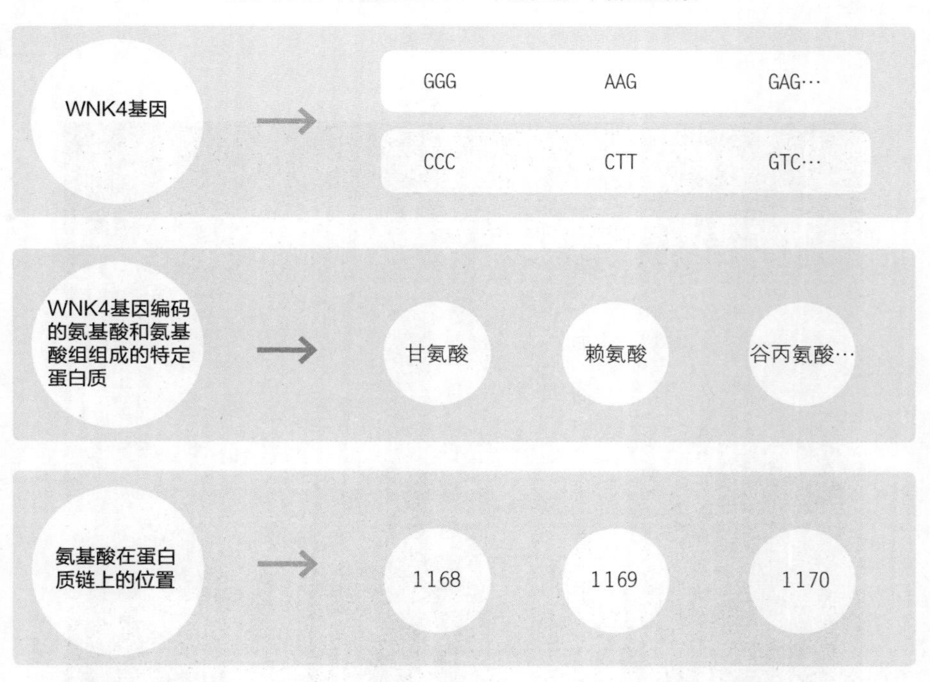

遗传基因密码子与所编码的氨基酸及氨基酸组成的蛋白质关系示意图

转基因古已有之

> 转基因，顾名思义，就是基因的转移。基因是遗传物质，那转基因就是遗传物质的转移。

遗传物质发生转移，接受了新基因的生物能够获得新的性状。这新的性状，若是有利于生物生存的，生命则完成一次升级；若是不利于生物生存的，生命则会被自然所淘汰。千百年来，依靠遗传物质的不断转移，获得好性状的生命形态在自然筛选下继续生存，长此以往，优胜劣汰，生命才得以进化。因此，遗传物质转移是自然界生命进化的原动力之一，它是伴随生命起源至今的自然现象。因此，转基因现象很早之前就已经有了。

人类为什么要通过转基因技术来改造农作物？

人们为什么要通过转基因技术来改造农作物呢？这是因为，自从人类社会开始农耕生活以来，始终面临产量、质量、病虫害、自然灾害等各种挑战，所以人们一直在选育更能适合人类需求的农作物。传统育种技术是通过自然突变或者诱导突变来寻找所需性状的，或者通过杂交将某一品种中的优良性状导入常规栽培品种。不过，传统育种一方面依赖于找到带有所需优良性状的天然品种或者突变品系，比如袁隆平院士团队发现的一株雄性不育野生稻是杂交水稻成功的基石；另一方面，通过杂交导入一个性状是一个漫长而复杂的过程，通常一个常规水稻品种的培育周期需要8年以上。

翻开中国历史，反复出现的一个场景是“飞蝗蔽日，赤地千里”。传统农业在蝗灾面前不堪一击。这些问题用传统育种是无法解决的，因为自然界中并不存在含有能抵抗这类灾害性状的品种。我们汉字的“饭”是由两个部分构成，一边是“食”，另一边是“反”，如果粮食安全不能保证的话，就是造成社会动荡的根源。

蝗灾会对当地农业造成巨大的损失

转基因技术与传统育种一样，是为了解决农业所面临的挑战，而传统育种已经很难改善生物性状了。转基因技术为解决农业面临的挑战提供了更加广阔的空间。相对于传统育种，转基因技术除了提供性状来源，还可以极大地提升选育优良品种的速度。在商业社会里，成功解决农业面临的挑战可以为技术开发者带来巨大的商业利益。对农民来说，他们期望增加产品产量，提高产品品质，减少杀虫剂用量，简化田间管理。

转基因技术与传统技术并不排斥，无论是转基因还是传统育种育成的品种，真正解决农业问题的品种才是好的品种。因为解决农业问题可以带来巨大的经济回报，美国对作物转基因的研发主要来源于商业公司。因为美洲农业面临的挑战多数与在中国一样，美国研究的目标性状与中国的研究类似，只是对象作物更多是在美洲种植广泛的作物，如玉米、大豆、棉花、小麦、番茄、苜蓿、油菜、甜菜等。转基因研究的根本目标在中国和在美国一样，都是为了推动农业进步，以更低的成本、更少的资源消耗产出更多优质的农产品。从这里我们可以看到转基因研究没有什么值得恐慌的，转基因研究的目的是为了生产出更优质、更经济的农产品。

转基因对人类的意义

人类对自然界的认识是从研究自然界整体开始的，再到对自然界细节的研究。比如认识生物，先从生物个体认识，再细化到认识组织器官。显微镜让我们对自然界的认识进入到了细胞水平，DNA双螺旋结构的发现让我们的认识达到基因水平，这是人类认识自然界的客观过程。虽然有些人抱怨转基因是非天然的，但从科学角度来说它是天然的，因为它是科学家发现的自然规律，并且将其运用到实践中的。科学家把需要的性状用基因表达出来，然后转到细胞里让它表达出来，这就是转基因工程技术。

DNA双螺旋结构

我国实施转基因技术的必要性

“民以食为天”：中国的农田仅占全球的9%，淡水资源占全球的6%，却要为13.8亿人口提供足够的食物和饮用水。粮食作物、园艺作物与经济作物是我国的三大主要农作物。我国的主要农作物生产保障了我国的粮食与食品安全。我国在过去50多年中粮食总产量和单位面积产量均增加了5倍（联合国粮农组织，2014），粮食总产量已连增11年，2014年达到6.07亿吨。随着人民生活水平的提高，居民的食品结构发生了很大的变化，这反映在农业生产上高收益的蔬菜、水果和动物产品（肉蛋类、乳制品、水产品）产量大幅度增加上。

2013年，我国生产了8535万吨肉类、2876万吨禽蛋、3531万吨牛乳。猪肉、羊肉和禽蛋产量均居世界第一，家禽产品产量居世界第二，牛肉和乳类产品产量居世界第三，总产值达28000亿元。2013年，我国水产养殖面积增加到832万公顷，总产值达19350亿元。水产品为我国人民提供了约三分之一的动物蛋白质，而其中73.6%的水产品来自于水产养殖业。中国的水产养殖产品占全球水产养殖产品约三分之二，是全球唯一水产养殖产量大大超过天然捕捞量的国家。2014年，我国棉花、油料、肉类、禽蛋、水产品、蔬菜、水果等主要农产品产量分别达到617万、3507万、8706万、2893万、6450万、7600万和16588万吨，均居世界第一。我国农产品产量居世界第一。

> 设施农业：我国有世界面积最大的温室、塑料大棚等设施，蔬菜、水果、花卉总产值达19000亿元。我国食用菌年产量和出口量均达全球第一，2013年年产1730万吨，高于全球总产量的80%，出口到119个国家和地区。

随着我国居民收入的增长，食物消费也显著增长。在过去的30多年中，大多数年份我国是食物净出口国，近年已成为纯进口国。例如，从1996年起中国即成为大豆净进口国，进口量从当年的111万吨持续增加到2015年的8169万吨，相当于6.7亿亩*耕地的生产量，占世界贸易量的70%，世界生产量的30%。2013—2014年度进口油菜籽约500万吨，占全球进口量的33%。2014—2015年度进口高粱1000万吨，大麦900万吨，木薯450万吨，棉花240万吨，还有油脂760万吨、玉米糟粕550万吨、白糖400万吨。

* 1亩＝666.6平方米。

大多数情况下，科学界对此有着很强的共识，即种植转基因作物可以减少化学杀虫剂的使用，可以提高作物产量，更重要的是可以提高农民收入。目前，商业化种植的作物主要为抗虫和抗除草剂品种。抗虫品种可有效解决虫害及昆虫传播的病害问题，降低农药使用量；抗除草剂品种则使得田间管理变得非常简单，极大地解放了农业劳动力。以抗虫玉米为例，据美国农业部统计显示，种植抗虫玉米产量更高，农药使用更少，所需田间管理更少，因此抗虫玉米目前已经占有美国玉米四分之三以上的种植面积。我们应该正视转基因技术，因为使用转基因技术可以更快更好地推动农业发展。

中国人均耕地面积仅为世界平均水平的40%。在未来20年中，我国需要增加30%~50%的粮食产量以满足人口不断增长的需要。

2008年 中国启动了一项为期12年、投资250亿元的推动转基因技术的研究与发展计划。但这么多年过去了，项目进展缓慢以及公众对转基因的误解使中国科学家倍感失望。

2013年 全球转基因作物的种植面积已达到1.75亿公顷，相当于全球耕地面积的11%以上，比上一年度增长3%。

2015年 全球转基因作物的种植面积达到1.797亿公顷。

中国2013年的转基因作物种植面积为420万公顷，排名由10年前的第4位降到了第6位，主要种植的是*Bt*棉花，排名前5位的分别是美国、巴西、阿根廷、印度和加拿大。即使是在陆地面积比中国小得多的巴基斯坦和南非，转基因作物的种植面积也接近300万公顷。中国正面临被世界其他国家超越的风险，这将对粮食安全造成严重影响。

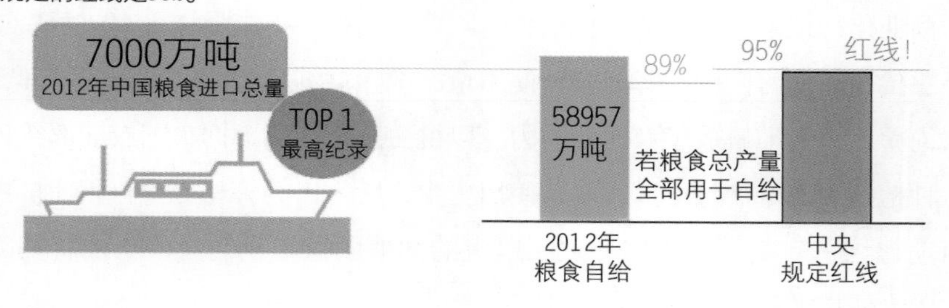

粮食产量历史纪录

目前，粮食安全问题在中国依然十分紧迫。随着人口增长，这一问题会更加严重。如果不借助转基因技术大幅提升产量，我国对作物进口的依赖程度将继续增长。这就是过去几年中央一直重视农业问题的原因，“中央在一号文件”中还特别提到了种子产业和转基因技术。政府确实意识到转基因技术对于解决民众粮食问题的重要作用，并且大力投资转基因的研发工作。

第2部分

转基因生物和转基因食品常识

什么是转基因技术?什么是转基因食品?

基因并不神秘，它就是一段可编码蛋白质的脱氧核糖核酸（DNA）序列。DNA本身只作为遗传信息的载体，通过其编码的核糖核酸（RNA）和蛋白质起作用。转基因就是通过基因工程技术将一种或几种外源性基因（从其他生物中提取）转移到某种目标生物体中，并使其有效地表达出相应的产物（多肽或蛋白质）的过程。其实转基因比较确切的翻译应该称作基因修饰（转基因生物即genetically modified organism，GMO），它包括很多种方式。全世界第一个转基因商业化的产品是胰岛素，现在很多抗癌药也都应用转基因技术，这个技术其实在生活中很普遍，很多地方都能发现它的踪迹。

转基因工程技术过程如下所述：首先，从细菌细胞中取出一种称作“质粒”的环状DNA作载体，用称作内切酶的工具酶在质粒上切开一个小口，把我们选中的基因片段用一种称作“连接酶”的工具酶粘到这个质粒的切口上，形成新的环状DNA，再将它放到细菌里进行繁殖复制。从这个过程中，我们

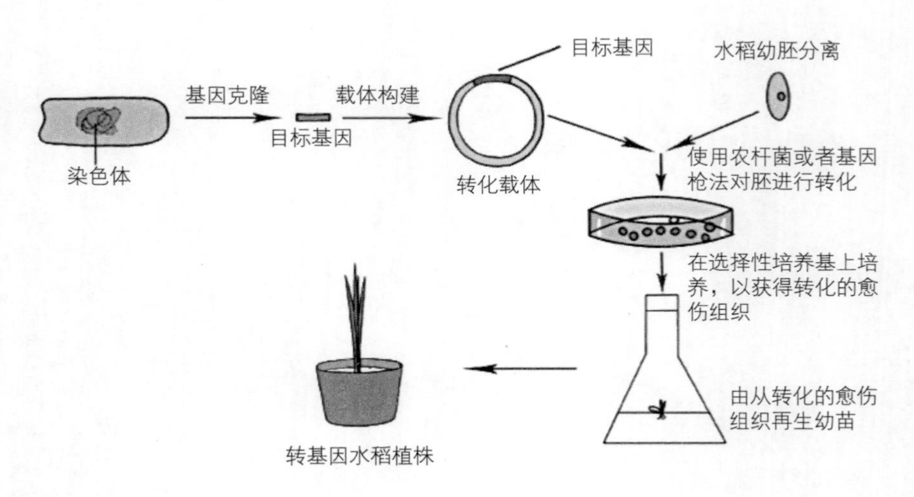

转基因技术流程

可以看到质粒上携带的新基因被释放到细胞中，再转到细胞核里面去，与细菌细胞里面的染色体进行融合，培育出白色的愈伤组织，这个愈伤组织再经过培养，就长成了小苗，这样的苗就含有了转入的基因。这就是转基因植物的生成过程，这跟传统杂交的道理是一致的，但是它更快捷、更精准、更高效。

人们通过转基因技术来改造农作物

自从人类开始耕种以来，始终面临各种产量、质量、病虫害、自然灾害的问题。人们需要选育更能适合需求的农作物。传统育种需要通过自然突变或者诱导突变来寻找人们所需要的农作物性状，或者通过杂交将某一品种中的优良性状导入常规栽培的品种。不过传统育种是一个漫长而复杂的过程，一个常规水稻品种的培育需要8年以上。转基因技术育种与传统育种并没有实质性的区别，只是更有针对性、更高效，转基因技术能跨越物种繁殖屏障，而且比传统育种的速度快得多。抗病毒的转基因番木瓜是转基因技术的一个成功典范。番木瓜环斑病毒可以导致番木瓜环斑病，致使番木瓜作物大规模减产、植株死亡。转基因番木瓜是将编码番木瓜环斑病毒外壳蛋白的一段基因序列转入番木瓜。该转基因的表达可以通过转录后使基因沉默，抑制病毒的同源基因，从而起到抗病毒的作用。该转基因只发生在番木瓜细胞内，并只针对番木瓜环斑病毒外壳蛋白起作用，不会对番木瓜的食用安全有任何影响。转基因的目的是为了改造生物的遗传序列，使其在性状、营养品质、消费品质等方面向人们所需要的目标转变。

以转基因生物为原料加工生产的食品就是转基因食品（genetically modified food，GMF）。根据转基因食品来源的不同，大致可分为植物性转基因食品、动物性转基因食品和微生物性转基因食品。

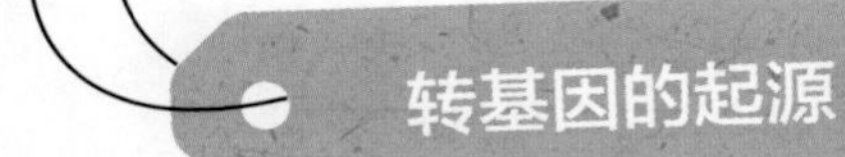

转基因的起源

人类为求生存，从原始社会开始就得通过采摘和狩猎的方式来寻找食物。后来发现这种觅食方式十分不稳定，所以后来采取通过种植农作物的方式来获取稳定的食物来源。但祖先们发现，早期从野生植物驯化来的农作物存在各种缺陷，如不耐病虫害、形状不好、口感不好等，需要通过长期选育，才能使农作物变得易栽培、产量高、少病虫害。例如原始的玉米像野草麦穗那样，是印第安人经过6000年驯化选育才变成现在长玉米棒状的栽培品种。玉米基因也因此转换了好几组。从古至今的玉米基因转变种类，可能比我们现在看到的转基因品种还要多。正是因为这些基因的变化改善了育种的过程，让人类的食物来源越来越稳定。今天我们吃的大多数农作物都是人类长期进行人工选育、转移基因的品种。

但因我们的祖先早期并不知道遗传的规律，所以要获得食物性状的改善，有时需要机遇和时间，例如通过气候变化产生的基因突变。后来科学遗传学奠基人孟德尔发现了杂交的方式，这使育种变得更快，并且使物种变得更丰富。再后来有了转基因技术，我们可以通过基因修饰来寻找我们所需要的性状，再把这种性状表达出来。转基因技术大大缩短了育种时间，这也是转基因这项技术出现的原因。

大多数农作物都是人类长期人工选育、转移基因的结果

实际上，转基因在大自然中一直存在，是可以自然发生的，今天我们见到的物种也是经过亿万年演化而来的。我们吃的大部分农作物都是人类长期人工育种、转基因的结果。野生的玉米根本不像我们现在吃的玉米，它经过了长期的选育才成为了全世界三大谷物中最重要的谷种。番茄、大米从野生到栽培都经历了这样的过程。

许多媒体都在问，大众吃的圣女果是转基因的吗？其实不是，野生的醋栗番茄比我们吃的圣女果还要小。在野生醋栗番茄被人类驯化为栽培番茄的过程中，果实大了100倍，这也只不过是几个基因的改变。马铃薯原产于南美洲，野生马铃薯不规则。马铃薯在驯化过程中块茎增加了几十倍，形状更加规则，便于食用。在西双版纳、印度有野生黄瓜，果实为椭圆形，特别苦，经过人类的长期选育、栽培，黄瓜失去了苦味，果实变为长条形。人类通过无意的基因操作选择了人类所需要的基因。

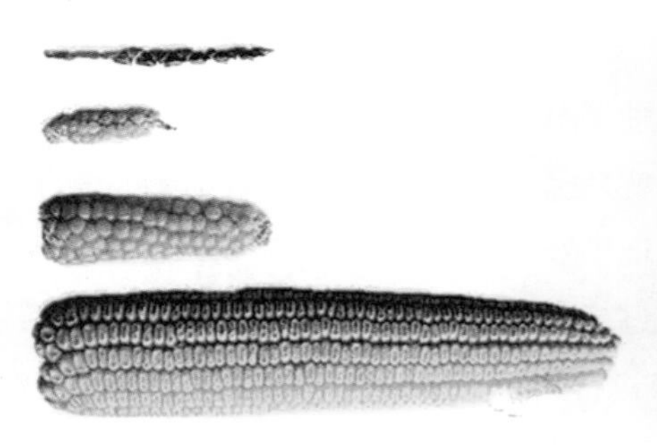

从野草麦穗样驯化为玉米棒

从野生醋栗番茄驯化为大番茄，果实变大了上百倍

从野生祖先马铃薯驯化为栽培马铃薯，在马铃薯驯化过程中，块茎变大了几十倍，形状变为更加规则，便于食用

从野生谷子驯化为栽培稻

生物进化的重要原因之一，就是在种属内外，甚至不同物种间基因的水平转移，不断打破原有的种群隔离，红薯就是比较典型的天然转基因作物。科学家们在研究的291个红薯样品中，都发现了农杆菌T-DNA的序列，这表明在红薯进化过程中曾被农杆菌侵染而转入过基因，并在随后的自然选择中保留了下来。比起自然转基因，现在的科学家进行的转基因研究具有更强的针对性、精准性和科学性，实验室的长期研究实际上起到了人工“物竞天择”的作用。

近几年，我国基因组编辑工作有了长足的进步，这大大促进了农作物生物育种的发展。由于这些年的努力，我国已经初步建成了独立完整的生物育种研发体系，包括基因克隆、遗传转化、品种选育、安全评价、产品开发、应用推广等各个环节在内的转基因育种科技创新和产业发展体系，中国转基因作物研究开发的整体水平已经领先于发展中国家，但是与发达国家还有较大差距。同时，重要基因的自主知识产权和核心技术，如棉花、水稻、玉米等转基因作物的基础研究和应用有着自己的优势和特色。

现在，网上被误传为转基因的作物品种有很多。例如圣女果、胡萝卜、玉米、小黄瓜、小南瓜、彩椒、紫红薯等，实际上这些都不是转基因品种，这些都是自然界早就存在的品种。实际上，我国市场上可能含有转基因作物成分的食物只有番木瓜、大豆油、油菜籽油。转基因食品种类在美国就更多了。有人看到美国超市很少见到转基因食品的标识，因此就认为美国人不吃转基因食品。实际上，美国有相关规定，凡经过科学论证，并经政府审批通过的转基因食品等同于非转基因食品，无须进行强制性标记。这样，企业就基本不标注了。实际上，美国市场上可能含有转基因作物成分的食品远远多于中国，包括面包、巧克力、薯片、酸奶、乳酪、番茄酱、蛋糕等。2015年11月，美国食品与药物管理局（FDA）确认了转基因三文鱼的食品安全性及有效性，正式批准其上市。

今天我们吃的大多数农作物都是人类长期进行人工选育、转移基因的。育种技术的发展和主要瓶颈：育种技术的发展导致品种的遗传多样性减少，很难选出突破性品种。现有育种手段主要依赖于经验，因效率低，新品种培育一般需要8年以上。

红薯是天然转基因作物

如果你一直特别害怕转基因食品，那么，请你认真地考虑一下，看看以后是不是就不吃红薯了，因为所有品种的红薯都是转基因的。就是说，只要是人类种植的红薯，不管是红皮白心还是红皮紫心，不管是商店买的还是自家种的，不管是有机的还是无机的，不管是美国的还是中国的，都是转基因的！

近几年，来自中国、美国、欧洲和南美的科学家对291个品种的红薯进行了比较系统的研究。结果发现，所有红薯品种的基因组都含有农杆菌基因。换句话说，人类种植的红薯都是天然转基因的。该研究结果在2015年5月发表于美国国家科学院院刊上。据该研究报道，现在的栽培红薯都是早期人类从野生红薯驯化而来的。据研究，野生红薯不含细菌的DNA，不是转基因的。那么，细菌的基因是什么时候转到红薯基因组的？细菌的基因又是怎样转到红薯基因组的？科学家认为，人类在最早种植红薯的时候，红薯已经是天然转基因植物了。侵染到野生红薯细胞中的农杆菌，偶然的情况下把自己的DNA转移到红薯的细胞里，并整合到红薯的基因组里了，于是红薯一不小心就成了转基因蔬菜。

天然的转基因和人工转基因有什么异同呢？

虽然两种转基因方法和过程有些不一样，但结果都是一样的，就是在一个物种（红薯）的基因组里镶入了另一个物种（细菌）的基因。打个比方，有时候不经意的一次投篮，篮球就不偏不倚地刚好卡在篮圈和篮板之间了，这就相当于天然转基因。如果你有意想把篮球卡在篮圈和篮板之间，那还不是很容易，说不定还要借助工具（如梯子）把篮球卡上去。这就相当于人工转基因。现在看来，所有红薯都是天然转基因品种已是不争的事实，拒绝转基因的人应该避免食用红薯和红薯制品。

首先，吃转基因红薯对动物（包括人类）没有危害。红薯已经有8000~10000年的栽培历史了，目前是世界上最重要的粮食之一。人类吃了这么长时间的转基因红薯，还没有发现有什么危害。红薯在明朝时传入中国，此后中国人就一直在吃天然转基因红薯。在中国，红薯叶和红薯根也是猪的重要饲料。吃了红薯的母猪不仅长得胖鼓鼓圆溜溜的，而且每胎都产十几个猪崽。现在有很多传闻，说吃转基因食品会影响动物的生育能力。从中国的人口总数和吃红薯的母猪生崽能力很强这些事实来看，网上关于转基因的传闻好像有些言过其实了。

其次，红薯是公认的健康食品。从各项指标综合起来看，红薯是世界上最健康的主副食之一。国内的说法是，红薯具有防癌抗癌、预防肺气肿、瘦身排毒、抗糖尿病的功效。当然，红薯在国内有点儿被神化了，但不可否认红薯的确含有很多对人体健康很有好处的营养成分。

还有一点，也是继续吃红薯的极好理由，那就是口味，红薯既健康又好吃。蒜蓉红薯叶是夏天清凉解暑的好菜肴，越来越受老百姓喜爱。红薯干是很多人喜欢的零食兼甜点。热气腾腾的烤红薯更是人见人爱！冬天时吃一个热乎乎、香喷喷的烤红薯，真是人生的一大享受！

总之，人类种植的所有红薯都是天然转基因品种。如果你本来就认为转基因食品对身体是安全的，那就请继续享受大自然馈赠的美味健康的红薯，包括一想起来就会口水连连的烤红薯。

本质上，转基因和杂交是同一回事

在自然界中，花粉随风飘散、蜜蜂采花授粉，都是遗传物质转移的途径。农业生产中，杂交技术是对杂交品种优势的利用，它是人类较早掌握并得以推广的实现遗传物质转移的有效技术之一。亲本A、B杂交，可以让A、B的遗传物质重新组合，后代可能获得A和B的优势性状而更趋完美。水稻杂交将该技术的利用推向高峰。

杂交技术的操作对象是整个基因组，杂交过程会产生大量遗传物质的不定向转移，形成多种难以预见的后代性状表现。人们再在这些性状表现中进行选择，选出农业生产所需要的有利性状。所以杂交技术中遗传物质转移量大，目标性状命中率低，后代表现预见性差。

玉米A品种穗子大、籽粒饱满，抗性也很好，但是植株太高，容易倒伏；而玉米B品种的产量性状不突出，但植株很矮。将A、B品种杂交，后代中会出现各种性状表现的个体，有的穗子大、植株矮，但抗性差；有的抗性好、植株矮，但籽粒瘪……总是不尽如人意。而只有穗子大、籽粒饱满、抗性好且植株矮的个体C才是优势杂交后代，但这种个体在后代中的出现几率是相当低的。

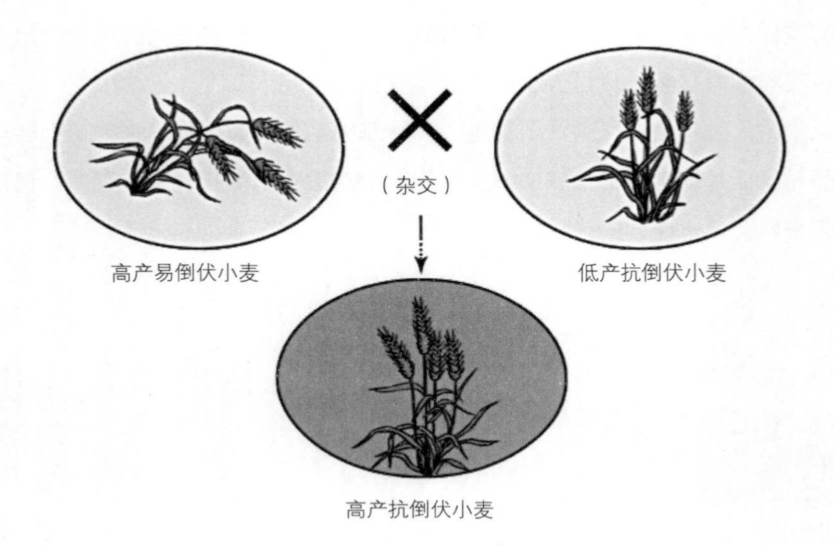

传统杂交育种技术

其实，天然的杂交就是转基因的一种。昆虫在花丛中辗转，它其实就是一个转基因的媒介；锦鲤也是由不同颜色的鲤鱼杂交形成的；紫色的玉米棒子旁边种着白色玉米棒子，如果紫玉米的花粉随风飘到白玉米上，便得到杂交玉米。

因此，本质上转基因和杂交是同一回事。杂交技术是通过成千上万个基因交汇融合而成的，同时转移了许多基因，从而产生各类不同的后代，科学家从中选出了具有我们需要的性状的作物。杂交与转基因技术都改变了作物的基因，只不过转基因更加准确和迅速，不会改变作物的其他基因。转基因和杂交，本质上是一回事。

玉米的天然杂交

天然杂交为现代生物科技提供了发展的思路，现在我们的转基因技术越来越高超，不仅可以发生在同一个物种的不同个体之间，也可以发生在不同物种的不同个体之间。太空育种，火箭搭载的种子经过太空辐射产生变异。把不同细胞融合在一起能杂交出新的细胞。这是一个创造变异，让世界变得更丰富的过程。

但实际上这些育种方式产生的变异都是随机的，为了获得更多有益的遗传变异，便于我们筛选和培育优良的品种（如改善农产品的抗虫性和抗病性等），我们现在通过最先进的生物技术可以精准地定位我们想要的基因，培育出没有环斑病毒的番木瓜、能抗虫的优质棉花。

转基因技术——定向高效改良生物基因

转基因技术的出现仿佛给生物学家打开了一扇新世界的大门，与基因自发变化不同，转基因技术可以“定向”改变生物的基因，即把“有利”的基因转入生物体中。转基因技术可以分为三步：获取目的基因、装载、转入特定生物。

（1）获取目的基因　什么是目的基因呢？举一个简单的例子，科学家发现有一种称作“苏云金芽孢杆菌”的细菌可以分泌杀死虫子的*Bt*蛋白，但是苏云金芽孢杆菌的基因非常多，其中只有一个基因是控制产生*Bt*蛋白的。那么这段控制生产*Bt*蛋白的基因就是我们的“目的基因”。科学家找到并且把这段基因“切”下来的过程就是获取目的基因的过程。

（2）装载　虽然“目的基因”切下来了，但是如果只是“孤零零”的一段基因的话，则没办法发挥作用。我们需要找一个“小车”把“目的基因”装上去，让基因能发挥作用，而环形的“质粒”便承担了“交通工具”的作用。质粒是存在于细胞中的一种“DNA小环”，也属于遗传物质的一种。我们把质粒“切”出一个口，然后把目的基因连接上去，“装载”这一步便完成啦。

（3）转入特定生物　获取目的基因并且“装车”之后，最后一步是把这基因转入特定生物中。例如我们之前获取了*Bt*蛋白的基因，我们想要棉花能够产生*Bt*蛋白，这样就可以减少农药的喷洒了。首先要通过特殊方法使棉花细胞“开一个小口”，然后让包含目的基因的质粒进入棉花细胞中，然后再把“口子”封闭，这样产生*Bt*蛋白的目的基因就能成功转入棉花中啦。

通过编辑基因组改变蘑菇易褐变的特性

2015年某一天，在美国宾夕法尼亚州切斯特县门登霍尔酒店的宴会厅内挤满了上百人，这些人可能没有一丁点基因组编辑的知识背景，但是他们对蘑菇却非常熟悉。这些当地蘑菇种植者每天平均生产约50万千克蘑菇，宾夕法尼亚州因此能够在全美12亿美元的蘑菇销售市场中占据主导地位。然而，总会有一部分蘑菇在商店的货架上褐变甚至腐烂。蘑菇对物理损伤极其敏感，即便小心翼翼地拣货和包装也可能激活那些加速蘑菇腐烂的酶。

> 当年秋天一个雾蒙蒙的早晨，在一场关于蘑菇生产的继续教育研讨会上，出生于中国浙江黄岩的宾夕法尼亚州立大学的植物病理学教授杨亦农借助这一平台介绍了一个有望解决蘑菇褐变难题的可行方案。杨亦农教授是一位乐呵呵的绅士，但却不是蘑菇种植领域的专家。尽管如此，他利用CRISPR成功地对西方世界餐桌上最受欢迎的蘑菇——双孢蘑菇进行了基因组编辑。

在座的蘑菇种植者可能从未听说过CRISPR，但是当杨亦农教授向他们展示了一张照片后，他们就明白CRISPR的重要性了。照片是2014年11月时女星卡梅隆·迪亚茨为詹尼弗·杜德纳和埃曼纽尔·卡彭蒂耶颁奖，两人因为发明CRISPR而获得“科学突破奖”，并因此每人获得300万美元的奖励。随后，杨亦农教授向他们展示了一组褐色、腐烂的蘑菇与通过CRISPR技术得到的洁白的双孢蘑菇对比的照片，他们明白了这一技术具有巨大的商业应用价值：所有双孢蘑菇每年总产量达4亿多千克，宾夕法尼亚州立大学也很清楚这一技术的商业价值，就在杨亦农教授发言的前一天，该大学已经就基因组编辑蘑菇的研究工作递交了专利申请。

在短短三年的CRISPR科学故事中，围绕CRISPR的讨论内容非常精彩。它是一个革命性的研究工具，同时也伴随着戏剧化的医学应用前景、棘手的生命伦理难题、尴尬的专利纠纷等方面的困扰，最重要的是，它在医学和农业上有数十亿美元的商业价值。这一技术就像是5级龙卷风一样席卷了整个基础研究领域。许多科研单位和生物技术公司一直在寻找新的方法来治疗一些如镰状细胞性贫血和地中海贫血症之类的疾病。另外，还有人期待着DIY艺术家和生物公司能够创造出各种各样的新品种，从紫色皮毛的兔子到活生生的、能呼吸的小动物，例如中国最近研发出来的可作为宠物的“迷你猪”。CRISPR技术还可能用于修复胚胎或永久性地改变我们的DNA，这一前景使得“改良”人类物种自身的话题变成热点，同时也引发了人们对相应国际禁令的呼吁。

CRISPR这一革命性技术对农业有着意义深远的影响。截止2015年秋天之前，有50篇科学文献报道了CRISPR在基因组编辑植物方面的应用，并且有迹象表明，美国农业部——评估转基因农业产品的部门之一——并不认为基因组编辑作物应该像“传统”的转基因生物那样接受同样严格的监管。伴随着监管大门敞开一条细缝，许多公司已展开激烈的竞争，争取早日将基因组编辑作物应用于田间种植，并最终进入食品供应链。

CRISPR技术的革命性就在于其史无前例的精准性。CRISPR可以实现任何基因的清除或是在基因组的特定位置插入一个新基因来获得优良品种的性状。据使用此技术的人反馈，与人类曾经发明的方法，包括人类实践了数千年的“自然”的杂交技术相比，这一技术可以使得植物育种过程发生最小的生物学改变。在许多案例中，这一技术还可以使科学家回避那些来自其他物种外源DNA技术所带来的争议。通过那些具有争议的技术所得到的转基因作物，如孟山都生产的抗草甘膦除草剂的玉米和大豆，已经引起了公众对转基因的反感，并且导致公众对这些技术的不信任。与之相反，许多科学家对CRISPR持乐观态度，他们认为CRISPR作物与“普通”转基因作物是有很大差别的，因此将会改变围绕转基因食品进行辩论的方向。丹尼尔·福亚塔斯在某企业担任科学顾问并从事学术研究，他认为“这一新的技术迫使我们重新思考转基因到底是什么”。

基因组编辑蘑菇的故事在2013年10月迎来一个决定性的转折，当时杨亦农教授在宾夕法尼亚州立大学的校友戴维·卡罗尔偶然来拜访他，卡罗尔是乔治蘑菇公司的董事长，他想知道新兴的基因组编辑技术是否可以用于改良蘑菇。鉴于CRISPR产生精准突变的强大能力，杨亦农教授说：“你是想获得哪种预期的性状呢？”卡罗尔建议从抗褐变着手，杨亦农教授当即同意可以试一试。

杨亦农教授明确知道他需要编辑哪个基因。生物学家已经鉴定出一个包括六个基因的家族，这个家族的每一个基因都可以编码引起褐变的酶（同类的基因也会引起苹果和马铃薯的褐变，这两个物种中相应基因也已经通过基因组编辑技术获得了抗褐变的品种）。其中四种褐变基因会在蘑菇的子实体中产生大量的酶，因此杨亦农教授认为，如果能够通过基因组编辑技术引入突变，关闭它们之中某一个基因的功能，那么他就很有可能减缓褐变的速率。

杨亦农教授的实验室仅仅用了两个月时间就研发出了抗褐变的蘑菇；对杨教授来说，这种研究工作已是家常便饭。这一技术的成本低得令人难以置信。最艰难的一步——合成指导RNA和支架蛋白，只需要几百美元；现在许多小型生物公司可按照客户要求制备CRISPR复合体来编辑任何基因。

最大的成本是人力，据杨亦农教授介绍："如果不考虑人力成本，其成本可能还不到一万美元。"在农业生物技术领域，这一成本几乎可以忽略不计。

那么消费者会认同吗？他们会将CRISPR作物看成最新的"科学怪食"吗？就是那些因插入外源（并且具有农业经济学效益的）DNA而得到的"非天然"食物，他们会不会认为这些食物对人类或环境具有不可预测的后果？CRISPR技术只是刚开始应用于粮食作物改良，因此有许多问题还并未摆到公众面前，但是公众迟早会对这些问题有所了解。农民将会是最早参与进来的公众群体。

CRISPR是过去半个世纪中最强大的生物研究工具，基因组编辑蘑菇就是其中一例明证。由于这些遗传改变并没有涉及任何外源基因的引入，因此美国农业部动植物卫生检验局（APHIS）在2014年作出决定，认为这些基因组编辑作物并不需要被当成转基因作物来进行监管。"美国农业部已经批准了一个马铃薯和两个大豆品种的种植，因此被批准的马铃薯和其中一种大豆已经开始田间种植了。"福亚塔斯说："他们现在已经认定这些基因组编辑作物是普普通通的植物，与那些通过化学诱变或是伽马射线诱变或是那些不受监管的技术产生的植物一样。目前的事实是，一旦我们获得批准，几乎可以直接将产品从温室里种植到大田中，这是一个巨大的进步，可以极大地加速我们产品的研发过程。"

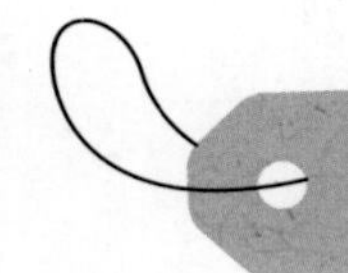

让转基因技术更安全的新技术

抗除草剂或抗虫害转基因大豆是用“加法”研发出来的：转入一个外源的新基因。目前市场上的大豆大部分是转基因大豆，被转入了某种基因，让大豆具有了抗除草剂或抗虫害的能力，这样便于田间管理、减少农药使用、降低生产成本，对环境保护和农民有好处。这类转基因作物有时被称为第一代转基因作物。

高油酸转基因大豆则是用“减法”研发出来的：让大豆种子中与脂肪酸的合成有关的一个基因不起作用，称为让基因的表达“沉默”。最近美国农业部批准了由杜邦公司研发的一种转基因大豆新品种的种植。这种转基因大豆油酸的含量比较高，比现有的任何大豆品种的油酸含量都高，榨出的油很稳定。通常，人们要用化学方法对食用油进行加工，通过氢化作用产生反式脂肪酸。反式脂肪酸比较稳定，便于储存，但是对健康有害。这种新的转基因大豆油由于已经比较稳定，就不必再进行化学加工了，不含反式脂肪酸，而且另一类对健康有害的脂肪酸——饱和脂肪酸的含量也降低了20%。

> 像这样改良了食物的营养成分，对消费者的健康有益，能让消费者直接体验到转基因好处的作物，称为第二代转基因作物。

实际上，基因沉默技术并不是什么新一代或第二代转基因技术。1994年，批准上市的第一种转基因食品——转基因番茄就是用基因沉默技术研发的。以前，农民要趁番茄还没有成熟，果实还是绿色的时候就采摘下来。没有成熟的番茄被运送到商店后，喷上乙烯将它们催熟，变成红色再摆出去卖。这种人工催熟的番茄没有自然成熟的番茄口感好。为什么不等番茄成熟、变红后再采摘呢？因为番茄成熟后，皮会变软，运输过程中容易破。能不能让成熟的番茄皮不变软呢？番茄的皮变软，是因为有一种称作多聚半乳糖醛酸酶的酶把细胞壁中的胶质给分解了。为此，生物学家把编码这种酶的基因克隆出来，测定了它的序列。然后合成了一个和它相反的“反义基因”。把“反义基因”转入到番茄细胞中去，会干扰原来基因的活动，让它再也没有办法合成多聚半乳糖醛酸酶了，细胞壁中的胶质不会被分解掉，番茄成熟了，皮也不会变软。我们就可以等到它自然成熟了再采摘，不用担心不易运输。这样，自然成熟的转基因番茄吃起来就要比人工催熟的普通番茄好吃，而且可以存放很长时间。由于转入的“反义基因”只干扰聚半乳糖醛酸酶的基因，不会干扰其他基因，因此转基因番茄的营养成分不会发生变化。

目前，市场上的番木瓜大部分都是抗病毒转基因番木瓜，它们在研发时也用到了基因沉默技术。采用“减法”要比“加法”的健康风险更低。人们主要担心的是，给作物转入新的基因，生产的新蛋白质会不会有毒副作用或引起过敏。而采用基因沉默技术不让某个基因表达，或者采用基因剔除技术把不想要的基因去除掉，也能改变植物的性状。有时候，只增强或降低已有基因的表达，也能达到我们的要求。这些做法都没有引入新的基因，因此也就不用担心新蛋白质会有问题。

此外，还有别的方法让转基因变得更安全。例如，如果要引入新基因，可尽量转入其他可食用作物的基因，或者让转入的基因只在非食用的组织中表达出来，就不用太担心它生产的新蛋白质不能吃了。不久前获得安全证书的抗虫害转基因水稻就是只让抗虫害基因在非食用的部位表达，在胚乳中则不表达。所以即使你对抗虫害基因产物的安全性有疑虑，也可放心食用，因为在米饭中不含该产物。

我们为什么种植转基因作物?

到21世纪末，地球上的人口预计将从现在的75亿人上升到100亿人。我们将不得不面对一个巨大的难题：在不破坏环境的情况下，如何解决越来越多的人的吃饭问题。

水和土地都是有限的，这决定了我们不能为了增产，无限地扩张耕地面积。土地只有这么多，产量必须提高，水的用量必须减少。而这还不是唯一的麻烦。环境变化也是一个棘手的问题：一些地方会遭遇洪水，而另一些区域却面临干旱；并且，农作物还要与新的病虫害作斗争。

因此，提高土地的耕种效率，出台更有益的水资源使用政策，改进控制害虫的综合性手段，减少对环境的有害干预，并开发多种新的农作物，成为许多国家共同奋斗的重要目标。而以上几种策略，必须从环境、经济和社会影响三个方面即“可持续农业”的三大支柱进行评估。

“转基因”与传统的“基因修饰”有两个主要的不同之处：

以转基因方法导入植物的都是性质明确的基因；

这些基因可以来自任何物种。

与之相对，传统农业的大部分基因改造法（如人工选择，基因的种间转移、随机突变、标记基因选择和异种嫁接）向农作物引入的基因性质并不明确。有时，传统方法也会将一个物种的基因转移至另一个物种，小麦和黑麦、大麦和黑麦之间的基因转移就是例子。

根据2014年的数据，到2014年全球已有28个国家、1.81亿公顷土地，种植了28种商业化转基因作物，全球主要农作物种植面积中82%的大豆、68%的棉花、30%的玉米、25%的油菜都是转基因品种。种植转基因作物的国家有28

个，加上批准转基因作物进口的37个国家，全球商业化应用的国家已增加到65个。到2015年，全球种植了120种转基因作物，其中半数的种子由亚洲和拉丁美洲地区的国家级机构进行研发，生产的农作物主要供应各自的国内市场。

科学界普遍认可市场上现有转基因食品的安全性。在过去20多年中，全球共有8亿公顷土地种植了商品化转基因作物。迄今为止，这些作物并没有对健康和环境产生过任何负面作用。美国国家研究委员会和欧盟联合研究中心都认为，我们现有的知识体系足以评估转基因食品的安全性。

许多研究显示，与传统作物相比，转基因作物并没有对环境和健康产生更多“意外后果”。然而，这并不意味着每一种转基因作物都像市售转基因商品一样表现得那么友善。每一种经过改造的新作物——不论转基因还是传统的基因修饰，都可能带来一些“意外”的恶性后果。在美国，转基因作物必须接受3个政府机构“具体问题具体分析”式的评估，相比之下，传统的基因改造作物却不受上述监管。例如，人们曾经用传统方法筛选出一种新的芹菜，其中含有大量补骨脂素，能够驱虫。但是，一些农民在收割这种芹菜后发生了严重的皮疹。这就是所谓的“意外后果”。

为何种植转基因作物更环保?

很多人担心转基因作物会对环境产生不利的影响，但事实是否如此呢？其实只要稍微了解一下便会发现，结果恰恰相反：转基因作物反而可以从多个方面保护环境。

转基因作物保护环境的途径

首先，通过欧洲学术科学咨询委员会的一个报告，我们可以得到一个概括性的说明。已发表的证据表明，如果适当的转基因作物可以产生下列相关影响：①减少除草剂和杀虫剂对环境的影响；②有利于通过推广免耕或少耕的生产系统来减少水土的流失；③具有更好的经济和健康利益，尤其对发展中国家的小农经济而言；④减少农业生产过程中温室气体的排放。此外，已有证据表明，高效率的农业会对现在气候的变化产生好的影响。就像“遗传扫盲项目”中说的那样：农作物高产是作物有效利用资源的一种指标。作物高产表明：水、燃料、肥料、农药、劳动力等资源都成功地转移进了食物之中，而并不是被杂草吸收，被虫害吃掉，或随着水土流失而浪费掉。

显而易见，具有抗除草剂或抗虫功能的转基因作物可以通过减少资源浪费来间接提高农作物的产量，从而提高农业的效率。此外，转基因技术使作物具有了抗除草剂的功能，这就使免耕法等保护型耕作方式的大面积推广成为可能，从而减少了水土流失，最终保护了环境。例如，化肥中的氮、磷等营养物质会随着水土流失流入水体，从而引起水质污染，最终造成水体富营养化，水藻大量繁殖，会导致水体缺乏氧气并产生毒素，使鱼类被杀死等现象。而采取保护型耕作则可以减少对土壤的扰动，从而减少水土流失。美国在2012年开始大规模种植的抗旱转基因玉米，灌溉量小，对保护水资源也很有好处。

至于经常被提及的是担心种植了转基因作物后，其花粉与周围的其他植物、特别是该作物的野生种进行杂交，造成“基因污染”。例如，担心转基因水稻的基因会“污染”野生水稻，所以在有野生水稻的地区就不计划种转基因水稻。这其实并非转基因作物特有的问题。种植传统的作物同样有可能造成“基因污染”。例如，杂交水稻的基因也可能会“污染”野生水稻，但是人们并没有因此就不再在有野生水稻的地区种杂交水稻了。和传统作物相比，转基因水稻不过是在原有的几万个基因中增添了一个额外的基因而已，并没有造成实质性的改变。

当前种植得最多的转基因作物主要是两类：抗虫害转基因作物和抗除草剂转基因作物。农民选择种植这两类转基因作物的原因是因为它们降低了生产成本，潜在的好处是有助于环境保护。抗虫害转基因作物由于天生就能抵抗主要害虫的侵袭，种植它们可大幅度地减少农药的使用，减轻了农药对环境的污染和对生态的破坏，又减少了用于生产、运输、喷洒农药所耗费的原料、能源和排出的废料。抗除草剂转基因作物能够抵抗草甘膦，这样农民就可使用这种广谱、低毒的除草剂来除杂草，而不必像种植传统作物那样使用更有针对性，但是毒性也更大的除草剂了。有人也许会问不用除草剂是不是更环保。不用除草剂，就要靠耕作除草，那样不仅费时费力，还耗费燃料，引起水土流失，反而会破坏环境。

转基因作物对环境保护的益处是实实在在的，而它们对环境可能造成的负面影响从未发生过。

转基因技术——应对粮食危机的有效途径

（1）我国面临的人口压力和粮食危机

我国是一个人口大国，人口在持续缓慢增长，预计到2020年会达14亿。随生活水平不断提高，对食品的需求持续增长，我国已经由原来的粮食出口国变为进口国，粮食自足率早已突破了原定的95%黄线。油料、棉花生产的现状更不乐观。随食品结构不断发生变化，对动物性食物需求的持续快速增长，使得2015年我国对饲料粮的需求达到2亿吨，约占粮食总产量的45%。伴随迅速城镇化，优质可耕地面积会进一步减少，农村年轻农民大批移居城镇地区，使农村的土地和人力成本不断提高。为提高农作物的产量而过度依赖使用大量的化肥和农药，严重污染了水体和土壤环境，也提高了农业生产的成本。大规模禽畜饲养造成的环境污染，已严重影响到了畜牧产业的可持续发展。

总之，我国农业生产继续面临着持续的人口压力、优质耕地面积不断下降、耕地质量总体退化、粮食单产和品质不稳等问题的严重挑战。加上农业成本的上升、农业熟练劳动力的短缺、受国际粮油生产和市场波动的影响，以及随着全球气候变化极端气候事件频发导致农业生产的不确定性，未来10～15年，中国的粮食与生态环境安全形势将更趋严峻。

> 党的十八届五中全会公报提出："大力推进农业现代化，加快转变农业发展方式，走产出高效、产品安全、资源节约、环境友好的农业现代化道路。"

（2）转基因技术——应对粮食危机大有可为

为了满足2050年世界人口对粮食的需求，全世界必须用更少的土地、水、能源、化肥和农药等投入来增产70%~100%的粮食。而这些需要依靠生物技术的发展和创新来突破资源瓶颈。目前，美国大多数被认证的生物技术作物都是集中于改良农艺性状，而主要的改良性状是抗除草剂和抗虫害。以大豆为例，基于美国农业部提供的数据，抗除草剂大豆的种植面积比例从1997年的17%增长到2001年的68%，到2014年达到了94%。抗除草剂棉花的种植比例从1997年的10%增长到了2001年的56%，在2014年达到了91%。

一直以来，有效防除杂草是大豆生长过程中面临的最大问题。杂草与大豆植株竞争光照、水分和养分，杂草还是病、虫害的宿主，茂盛的杂草在机械化收获时会磨损机械，干扰收获。与杂草竞争引起产量损失相关的主要因素是杂草种类、杂草密度和竞争持续时间。如果杂草在整个生长季节都与大豆争夺光照、水分和养分，由此导致的产量损失可高达75%以上。

最早的抗除草剂技术，即抗草甘膦大豆于1996年被批准商业化种植。抗草甘膦大豆的推广应用，为农民提供了有效的杂草控制措施，减少了因机械除草所带来的产量损失。同时也使得采用免耕少耕技术、减少水土侵蚀或流失成为可能。其经济效益、环境效益和社会效益极其显著。但由于长时间施用草甘膦除草剂，世界一些地方均出现关于某些杂草对草甘膦产生抗性的报道。采用不同作用机制的除草剂混合使用，是有效控制杂草对除草剂产生抗性的重要途径。

2015年初，美国农业部宣布批准孟山都公司研发的新一代抗麦草畏大豆。这种大豆含有一个来自嗜麦芽寡养单孢菌的麦草畏单加氧酶基因，能有效防治草甘膦难以控制和对草甘膦产生抗性的阔叶类杂草。该性状将会与草甘膦性状复合在一起推广应用。“这个决定对农民们来讲是一个重要的里程碑”。

孟山都公司首席技术官傅瑞磊博士这样说道：“我们很骄傲可以为农民提供一种解决方案，帮助他们高效管理农田，从而生产出更多粮食以满足消费者的需求。”

2015年4月24日，欧盟委员会宣布批准10种新的转基因产品进口用于食品和饲料，批准的有效期为10年。获批的产品中就包括孟山都公司最新研发的抗麦草畏性状大豆。欧盟委员会在其官方声明中指出，这次批准的转基因产品在欧盟上市之前，都通过了全面的审查流程，其中包括由欧洲食品安全局与各成员国合作做的风险评估，证明这些产品是安全的。

大有可为的转基因作物

马铃薯是仅次于大米、小麦和玉米的全球第四大主要粮食作物。从发达国家到发展中国家，数以百万计的人口把马铃薯作为主要或者重要的营养来源。因它是无性繁殖作物，所以在育种方面与其他主要粮食作物完全不同。缺乏转基因作物保护技术导致马铃薯生产过程中受到病虫害、微生物和杂草侵害造成的损失高达70%。

2014年11月，美国农业部动植物卫生检验局向Simplot公司发放了Innate™马铃薯在美国的商业化许可，成为第一款商业化种植的转基因马铃薯品种。Innate™马铃薯的天冬酰胺含量较低，从而降低了对人类潜在致癌的丙烯酰胺的生成，去皮后不会褪色，挫伤时斑点较少，易贮藏，减少了浪费，从而有利于粮食安全。Innate™的获批将为转基因马铃薯在全球打开新的机会窗口。全球马铃薯的产量损失有22%归因于真菌和细菌病原体，有8%归因于病毒，再加上害虫造成的18%的损失以及杂草造成的23%的损失，如果没有作物保护，70%的马铃薯产量会损失于科罗拉多甲虫等害虫和病毒载体（蚜虫和叶蝉），以及由真菌、细菌、各种病毒及线虫引起的疾病，这些病虫害会在其所在区域造成毁灭性损失。Simplot公司进行的一项调查表明，91%的被调查者对Innate™育种方法很放心，生物技术能够有效控制马铃薯因害虫和疾病所造成的损失。

到2050年将供养90亿人口是人类在21世纪剩余年份里必须面对的一大挑战。在小麦和大米绿色革命之后，作物生产率增幅下降。很明显，仅靠传统技术到2050年粮食产量已不能供养90亿人口。这就需要更先进的粮食作物生产体系来应付这一系列的变化，包括日益增长的人口、急速变化的气候、逐渐减少的资源、逐渐变化的饮食习惯，以及消费者对安全、高质量、营养丰富且便利的食品需求。

全球科学界的一项提议是更好地兼用传统技术（适应性更好的种质）和最好的生物技术（适当的转基因和非转基因性状），以取得作物生产率在全球15亿公顷耕地上的可持续增长。很显然，生物技术虽然不是解决粮食危机唯一的解决方案，但注定起着重要的作用，转基因技术依然是未来发展之路。

广泛应用

2014年是转基因作物商业化的第19年，已有28个国家的1800万农民种植了1.81亿公顷转基因作物，比2013年的1.75亿公顷有所增长。数据显示，过去全球147个已知转基因作物在1995—2014年间产生了多重重大效益：采用转基因技术使化学农药的使用率降低了37%，作物产量提高了22%，农民利润增加了68%。

美国是转基因作物的发源地，自1996年起，美国农民就开始广泛种植转基因作物。2014年是美国转基因发展的标志性年份。当年11月，美国批准了粮食作物Innate™马铃薯，相比传统品种，它的潜在致癌物质丙烯酰胺含量更低，挫伤浪费更少。几乎同一时间，一种新的转基因作物苜蓿在美国获批种植，其木质素减少了22%，从而给饲料提供更多的营养，更易使牲畜消化。对于转基因作物，美国农民显示出了很高的接受度。在美国种植的第一种耐旱玉米，2014年的种植面积比2013年的5万公顷增加5倍以上，达到27.5万公顷。

目前通过“咨询程序”向美国食品与药物管理局（FDA）提出审批申请的转基因食品产品已经超过110种，除转基因番茄外，还包括转基因大豆、玉米、棉花、马铃薯、亚麻、菜籽、南瓜、番木瓜、菊苣、甜菜、水稻、香瓜和小麦。这些得益于美国开明的监管体系和有效的监管措施。

> 自转基因技术发明伊始，美国各界就以“可靠科学基础原则”为基础，建立了一套独特的分散式监管体系。目前，美国对转基因作物进行监管的职能，可根据其用途分别由农业部、环保署以及FDA来行使。

（3）有机农业是否能满足人类粮食需求

2017年，《自然·通讯》发表了一篇题为《用有机农业喂饱世界的可持续对策》论文，该论文基于模型模拟，根据每个地区对有机农业的接受程度和实际经济状况的不同，对这些变化在现实世界里可能产生的不同结果进行了分析。结果认为，有机农业或许可以满足全球的食物需求，同时实现可持续发展，但条件是减少食物浪费和肉类生产，因此，这实际上是难以做到的。

虽然有机农业比传统耕作方法更环保，但是如果不开辟新的耕地，仍旧无法满足人类对食物的需求。为了评估有机农业为全球提供粮食的可行性，瑞士有机农业研究所（FiBL）的Adrian Muller及其同事为2050年全球90亿人口和不同的气候变化设定进行了模拟。他们的模型预测要实现100%的有机农业转化，同时满足全球粮食需求，所需耕地要比目前增加16%~33%。实现100%转化，但不增加耕地面积，则需要减少50%的食物浪费，并且停止生产动物饲料——种植动物饲料的土地可被用于生产粮食。在该设定下，人类饮食中的动物蛋白质会从38%减少至11%。据此，作者分析得出的结论是，建立可持续的食物供给系统不仅需要增加粮食生产，还需要减少浪费，减少对农产品的消耗，降低草与牲畜之间的相互依赖性。但实际上，这是很难做到的。

再看我国国情。现实生活中，随着我国经济生活水平的提高，人们的食物发生了巨大变化，肉、禽、蛋、乳等动物性食品的消费量在食品消费中所占比例越来越高，相应地动物所消耗的饲料越来越多。为满足动物饲养和居民动物性食品的需求，由于土地有限，同时我们现有耕地主要用于满足主粮生产，因此，农业部采取了进口转基因大豆用于生产豆粕，满足动物饲料蛋白质需求的策略。

（4）转基因技术——应对亚非粮食与营养问题的一个途径

近年来，包括法国、英国在内的欧洲国家过去20年里关于转基因作物的激烈讨论也开始在发展中国家中出现。在超过四分之一人口营养不良的肯尼亚，政府于2012年底禁止了转基因食品的进口，但未禁止转基因作物的研究。这些决策，正如欧洲有些国家的类似决定，似乎是部分出于对转基因技术的情绪化反应。

让科学有机会改善世界最贫困人群的生活，发展中国家的决策者就不应被欧洲的政治化争论影响。欧洲是一片不存在广泛粮食安全问题和营养不良问题的大陆。发展中国家政府应该从具体问题着手，把转基因作为一个可能的解决方案，评估所有可行方案的风险与收益，而不是简单的拿出一个支持或者反对转基因的态度。

50年来，育种改善的作物品种贡献了全球农业新增产能的1%。尤其是在发展中国家，伴随着水与肥料利用、土壤和作物管理、储存运输基础设施等的改善，新栽培品种将成为应对在气候变化下养活人口增长这个挑战的关键。不少增产、防病虫害、提高营养价值、耐旱涝等的改良作物品种，没有使用基因工程，基因工程或是能得到相同结果的不同方法之一。在基因工程有效的时候，也经常是对传统育种的补充，而不是替代传统育种。

但在我们想要的作物性状遗传变异很有限时，基因工程就是唯一可行的措施。就拿在非洲草原上广泛种植的豇豆来说，为了让它免于被豆荚螟这种害虫侵害，研究人员已经在传统育种上耗费了多年时间。而土壤细菌苏云金芽孢杆菌可以产生一种毒素（*Bt*），能杀灭包括豆荚螟在内的蛾类害虫。尼日利亚研究人员把产生*Bt*的基因导入了当地豇豆品种，在小规模的田间试验中，这种方法使得95%的作物产生了抵抗力。*Bt*豇豆能使非洲豇豆增产70%。*Bt*豇豆抗虫试验正在布基纳法索、加纳和尼日利亚持续进行，抗虫种子从2017年开始提供给当地农民。

基因改造也为多个性状进入一种植物提供了新的途径，而且比传统育种的速度快得多。就拿木薯这种非洲数百万人的主粮作物来说，阻碍生长的木薯花叶病与能使根系腐烂的褐条病这两种病毒性疾病，影响着整个非洲大陆尤其是东非木薯作物的生长。虽然有些木薯品种能够抵抗某一种病，但是东非许多地方两种病毒性疾病都非常普遍。木薯每两年开一次花，想依靠常规育种同时获得拥有抵抗这两种病害能力的木薯将是一项巨大挑战。因此在乌干达和肯尼亚，研究人员目前正在研究相关的转基因方法。

东非木薯作物

以提高作物营养价值为目的的生物强化是基因工程发挥作用的又一领域。例如，维生素A缺乏会引发严重的问题，如增加儿童感染麻疹死亡的风险。在应对维生素A缺乏症上，传统育种也在发挥作用。一个国际研究团队正致力于提高莫桑比克和乌干达的营养水平，他们将富含维生素A前体的橙色红薯介绍给了部分人群。这一举措已经提升了这些人群体内维生素A的含量。

世界其他一些地方并不把红薯作为主食，这时基因改良会用来改进其他主粮作物。没有转基因技术，富含维生素A前体的基因改造大米品种“黄金大米”是无法生产出来的。食用此种米饭150克，就能提供中国6~8岁人群的推荐营养摄入中大约60%的维生素A。

（5）转基因专家获国际农业领域的最高荣誉“世界粮食奖”

2013年，美国孟山都公司首席技术官Robert T. Fraley与另两位转基因科学家Mary-Dell Chilton和Van Montagu获得当年世界粮食奖，这是27年来该奖项首次授予基因改良作物研究人员。世界粮食奖基金会主席Kenneth Quinn在颁奖会上指出：“如果我们屈服于这种转基因食品对人类和环境有害的争论，那就是贬低我们授予的奖赏。”获奖者Van Montagu教授说：“世界粮食奖让人理解到转基因食品是安全的，我们仅仅是向社会解释科学事实，这些转基因食品是安全的，至少与传统食品一样安全。如果有人否认这个科学事实，我们就只能坦白地对他们说，‘你们是在误导舆论’。”

2013年获“世界粮食奖”的三位科学家Robert T. Fraley、Mary-Dell Chilton、Van Montagu

世界粮食奖旨在对改进全球粮食质量、数量和供应，从而推动人类发展的个人的突破性成就进行表彰，是该领域最具声望的国际大奖，曾被多位国家元首誉为“粮食与农业领域的诺贝尔奖”。1993年中国原农业部部长何康因进行农业改革而获得粮食自给自足而获奖，2004年袁隆平因培育杂交水稻成功而获得此奖。

世界粮食奖每年十月在艾奥瓦州得梅因市颁发，奖金为250000美元，以表彰在为人类提供充足粮食和营养的任何相关领域作出贡献的人。这些领域包括粮农科技、营养、生产与营销、经济学、扶贫、政治领导。世界粮食奖于1986年由诺贝尔和平奖得主诺曼·E·博洛格（Norman E. Borlaug）博士创立。诺曼的杰出工作引发了绿色革命，并为他赢得了“有史以来拯救生命最多的人士”的美誉。1990年，艾奥瓦商人兼慈善家约翰·鲁安（John Ruan）成立了世界粮食奖基金会。每年十月联合国世界粮食日（10月16日）当日或前后，都会在气势恢宏的艾奥瓦州政府大厦里举行世界粮食奖颁奖仪式。此外，还会举办名为“博洛格对话”的国际研讨会，吸引来自世界各地逾65个国家的专家与全球领袖。专为高中生设立的世界粮食奖全球青年研习班也在此时举办。世界粮食奖得主都曾为确保成千上万生活于贫困中的男女老少获得数量充足、营养丰富的食物作出过重大贡献。获奖人员代表了众多不同国家，包括孟加拉国、巴西、中国、古巴、丹麦、埃塞俄比亚、印度、墨西哥、塞拉利昂、瑞士、英国和美国。

（6）比尔·盖茨：转基因技术可以减少饥饿和营养不良

据美国“商业内幕”网站报道，2008年2月下旬，前世界首富、微软创始人、中国工程院外籍院士比尔·盖茨在接受媒体记者采访时表示，“转基因食品是完全健康的。如果以正确的方式去看待，那么这种技术可以减少饥饿和营养不良。我不会远离非转基因食品，但人们将非转基因食品视为更好的选择，这令人失望。”

自从比尔·盖茨及其妻子梅琳达成立盖茨基金会以来，他们将慈善事业的重心之一就放在了全球健康事业上，与中国也达成了一系列合作共识。盖茨在2017年北京大学的演讲上说：“自2008年起，我们支持中国农业科学院和其他科研机构开发研究培育水稻新品种。通过将这些品种与塞内加尔、坦桑尼亚和卢旺达等国的本地品种杂交，我们将得到高产量的耐逆境作物，增加农民的收成和收入。”

（7）转基因技术是保障我国粮食安全的有效途径

尽管争议不断，但单就转基因研究而言，我国并未停止给予支持。2008年，国务院批准设立了“转基因生物品种培育科技重大专项”，这是国家中长期重大科技项目，计划共投入两百多亿元人民币。目前国内95%的转基因抗虫棉花是自主研发的技术培育出来的。在转基因研究的某些领域，如抗虫棉方面，我们已经达到国际一流的技术水平。

在进口方面，我国批准进口转基因的作物有大豆、玉米和油菜，这些作物仅限于加工原料，但也须获得我国的安全证书。中国现在每年进口大豆9000

万吨，国内生产的大豆只有1500万吨，现在的大豆油大部分是用国外转基因大豆生产的。专家呼吁，中国再不放开转基因，玉米也会将像大豆一样面临被国外垄断的情况，这个形势已经很明显了。

> 现在国内农产品价格上涨，国外的农产品占据了成本优势。从养活中国十几亿人口、保障国家粮食安全的目的出发，生物技术带来了积极效应，转基因就是其中降低成本的最直接手段。

从国际上看，转基因农作物从1996年开始大规模推广，主要被应用的两类基因是抗虫基因和抗除草剂基因，主要包括四大作物，即大豆、玉米、棉花和油菜。目前美国的转基因研发、种植和消费均居全球第一。在种植面积方面，中国由此前的第4位变为第6位。资料显示，2014年，中国粮食总产量超6亿吨，但消费量已达6.4亿吨，中国粮食产量的增速不及粮食需求的增速，粮食安全形势依旧严峻。生产的需求已经呼唤开放转基因应用了。

我国转基因作物商业化种植正稳步推进

2015年11月16日至18日，第十七届中国国际高新技术成果交易会期间，来自十几个国家和地区的三百多名国内外农业基因组学专家齐聚深圳展开深度交流。期间，时任农业部副部长、中国农业科学院院长李家洋接受了《羊城晚报》记者专访，他表示，在国际范围内，转基因食品从1996年投入市场至今，没有发生过一起因转基因造成的食品安全问题，中国也对转基因实行了非常严格的审查制度，并正在“稳步推进转基因商业化种植”。

“目前国际上对于主粮的准入都非常谨慎。中国将按照‘非食用—间接食用—食用’的步骤，稳步推进放开转基因作物商业化种植。”他指出，随着科学技术的进步，现有的管理条例将会进行相应的修订调整，但要强调的是，每个新的品种依然要经过相关的严格评审，“未来将在有规则的前提下，大家按照转基因的管理方法去审批，然后投入到生产上去。”（资料来源：李家洋《转基因商业化种植正稳步推进》，基因农业网）

转基因食品产业化是一道绕不过去的坎

农业部拟有计划推进转基因产业化的新闻引起社会广泛关注。尽管表面上舆论聚焦于食品安全，但实质上这说明我国农业发展已走到了十字路口，转基因问题已无法回避。中国是国际上28个允许种植转基因作物的国家之一。目前，具有转基因生产应用安全证书且在有效期内的作物有棉花、水稻、玉米和番木瓜。由于种种原因，大面积商业化种植的只有棉花这一非食用品种。

第一代转基因技术，以抗虫基因和抗除草剂基因为代表，明显增加了产量，农民是直接获益方，消费者是容易被忽视的潜在受益者。由于农产品价格主要受供应变动影响，随着转基因技术的发展，农产品的“相对”价格在相当长时间内呈现趋势性下跌，这与公众的现实感知并不一致。

例如，21世纪以来的农产品牛市，大豆从2000年的470美分/蒲式耳*上涨到了目前的1280美分/蒲式耳，但剔除掉通胀和货币泛滥因素，大豆价格却是相对下跌的。这与近十年来转基因大豆在南北美洲广泛种植有莫大关系。

据统计，2000年全球大豆产量为1.6亿吨，到2013年增至2.8亿吨。其他农产品的价格和产量也呈现类似规律。

* 1蒲式耳＝27.216千克。

全球转基因作物种植面积20年约增百倍

2016年4月13日，国际农业生物技术应用服务组织（ISAAA）在北京发布的年度报告显示，全球转基因作物的种植面积从1996年的170万公顷上升至2015年的1.797亿公顷，20年时间取得约百倍的增长。

根据ISAAA发布的年度报告《转基因作物全球商业化20周年（1996年至2015年）纪念暨2015年全球生物技术/转基因作物商业化发展态势》，自1996年起，全球累计20亿公顷的可耕地种植了转基因作物，包括转基因大豆、玉米、棉花和油菜。目前世界上大约1800万农场主在种植转基因作物，大多数是发展中国家。总共有近70个国家进口、种植和/或研究转基因生物。截至2016年，世界上有28个国家种植转基因作物，种植转基因作物面积排名前五位的国家是美国、巴西、阿根廷、印度和加拿大。种植转基因作物为全球农民带来了巨大的利益，包括提高产量和降低生产成本。转基因生物还有助于减轻全世界数百万农民及家庭的贫困情况（总计约有6500万人），据英国独立调查咨询公司PG Economics估计，2015年发展中国家的农民在转基因作物每投资1美元就能得到3.45美元的回报。

2016年，有7个亚洲国家种植了转基因作物，全球第一大棉花生产国是印度，领先于巴基斯坦、中国、菲律宾、缅甸、越南和孟加拉国的转基因种植面积。此外，虽然日本不是转基因作物的主要种植国家，但是自2011年以来，日本开始从事转基因蓝色玫瑰研究，2016年日本种植了1860万公顷，产生了29亿美元的经济效益，未来还会加大转基因技术研究。中国仍然是全球最大的转基因作物进口国，但中国政府正集中力量增加转基因技术的研发和作物生产。自1994年以来，中国已经批准了64个用于食品、饲料和加工的转基因项目。2016年，中国种植了279万公顷转基因棉花、番木瓜和杨树。这些农作物的转基因种子比率是棉花95%、番木瓜近100%和杨树近100%。农药使用量减少为60%。2015年，转基因作物给农民带来了10亿美元收入，直接经济效益为186亿美元。

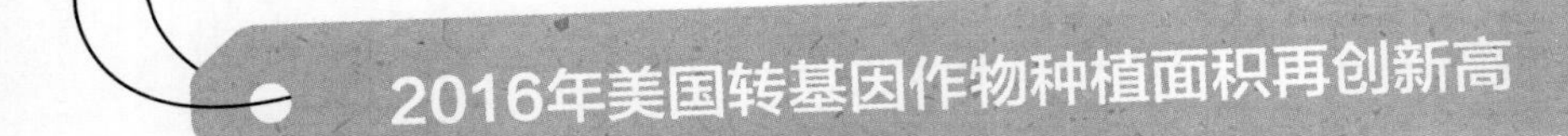

2016年美国转基因作物种植面积再创新高

根据美国农业部数据，美国1996年转基因玉米、棉花、大豆品种占同类作物种植面积的比例分别为4%、17%、5%。2013年种植抗除草剂作物占播种面积的比例，玉米为85%、棉花为82%、大豆为93%；*Bt*抗虫作物播种面积比例玉米为76%、棉花为75%。这其中有很大部分是双重抗性的，也就是说既有抗除草剂的能力，也能抗虫害。这种双重抗性的作物总计播种面积占总播种面积的比例，棉花为90%、大豆为93%、玉米为90%。美国人的日常农产品消费中，转基因作物的比例达到70%以上，其种植的80%的转基因玉米、60%的转基因大豆用于国内消费。1996年以来，美国转基因作物种植面积呈增长趋势，基本上是逐年扩大，2016年转基因作物种植面积再创新高，至少7400万公顷，比2014年的7310万公顷约增长80万公顷。

2016年6月30日美国农业部发布美国2016年度农作物面积统计数据（详见http：//usda.mannlib.cornell.edu/ MannUsda/viewDocumentInfo.do?documentID =1000）。该报告同时发布了玉米、大豆、棉花的转基因品种比例。

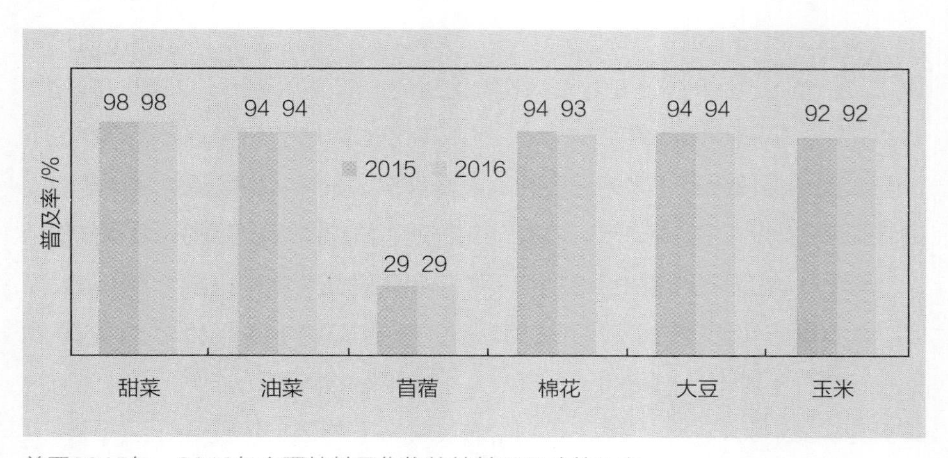

美国2015年、2016年主要转基因作物的转基因品种普及率

由上图可见，美国的玉米、大豆、棉花、油菜、甜菜基本普及了转基因品种，苜蓿由于多年生等原因转基因品种普及率在30%左右。美国转基因作物就面积而言，以玉米和大豆为主，分别占47%和43%，合计占90%；其次是棉花和苜蓿，分别占5%和3%；油菜和甜菜各占1%。此外，还有甜玉米、南瓜、番木瓜、马铃薯等作物，另有李子和苹果等水果，但面积都较小。

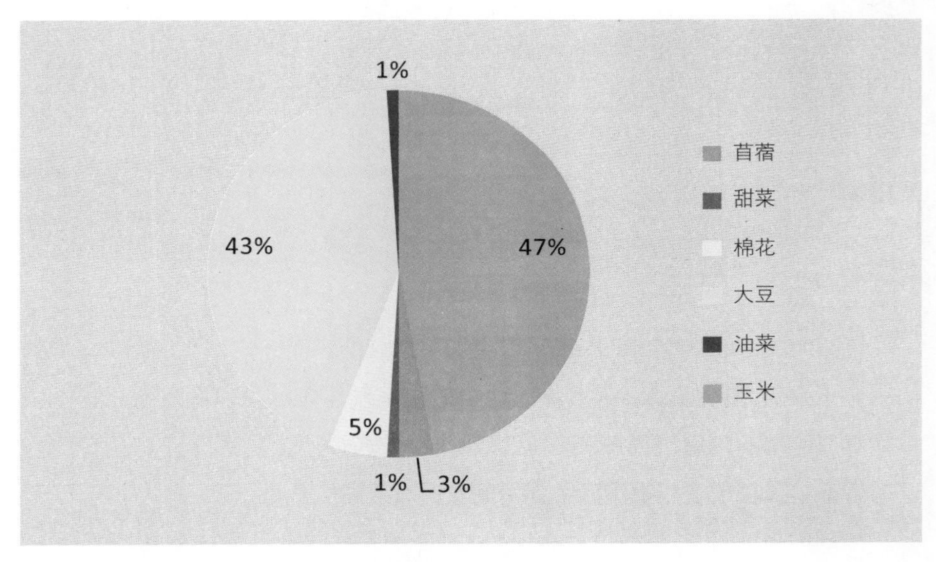

2016年美国主要转基因作物种植面积的相对比例

美国的转基因品种呈普及趋势，玉米、大豆、棉花、油菜、甜菜基本普及了转基因品种，均达92%以上。转基因性状呈复合化趋势，双抗玉米和棉花分别达76%和80%，复合性状大豆在快速推广过程中。转基因作物种类呈增多趋势，现已商业化种植的有10种转基因作物和两种水果。

转基因作物商业化20年为人类带来的巨大效益

2017年7月，英国独立调查咨询公司PG Economics发布了一篇重磅报告《转基因作物：全球社会经济和环境效益报告1996—2015》。报告表明：在转基因作物大面积商业化种植的20年间，转基因技术不仅降低了农业对环境的影响，提高了经济效益，增加了农民的收入，还帮助发展中国家的165万农民（特别是小农户）摆脱了贫困，并对全球粮食安全起到了积极作用。

（1）转基因技术的环境效益——减少农药喷洒和温室气体排放

转基因技术的应用帮助农民采取更加可持续的耕作方式，不仅减少了农药使用，更显著地降低了农业实践活动中的温室气体排放量。随着抗虫作物和抗除草剂作物的应用，从1996年至2015年，农药喷洒量共减少了6.19亿千克。这相当于中国在一个作物年度中施用的农药有效成分总量。

转基因技术还实现了“免耕”“少耕”的耕作应用。这一转变所带来的燃料节约减少了二氧化碳的排放量；同时，由于土壤质量提高、土壤侵蚀减少，有更多的碳被保留在土壤中，这也减少了温室气体的排放。仅在2015年，从大气中消除的二氧化碳就多达267亿千克，相当于从道路中减少了860万辆汽车。

（2）转基因技术的社会和人文效益——改善小农民生和提高食品安全

除了对环境和经济的有益影响，转基因技术对资源匮乏、地块较小的发展中国家农民而言，更意味着能以可持续的方式，在有限的土地上种植更多的作物。这提高了农民的生产力和经济收益，进而改善其生活质量。从1996年到2015年，通过种植转基因作物，发展中国家的农民获得的累计农场收入增益达到了861亿美元。仅2015年，转基因技术带来的全球农场收益净值为155亿美元，其中46%由发展中国家的农民获得。

除了经济效益以外，种植转基因作物的农民，特别是相对贫困地区的农民的生活品质有了实质性的改善，同时也为消费者带来了福音。例如，种植抗除草剂转基因作物之后，农民不仅除草更便利了、农药使用更少了，还可以通过配合使用安全性更高的新一代除草剂，大大降低农民和其家人接触农药的机会，使其健康得到了切实保障。同时，食品中的农药残留和虫咬后真菌毒素的污染大大降低，有效地提高了食品安全。

（3）转基因技术的经济效益——促进增产增收和国际粮食贸易

转基因技术大大增加了全球主要作物的产量。据报告统计，从1996年到2015年，大豆增产1.8亿吨，玉米增产3.58亿吨，棉花增产2520万吨，油菜增产1060万吨。而这些增益主要来自于转基因抗虫和抗除草剂产品的应用。生物技术作物单位产量的提高，也促进了全球粮食贸易的一体化。转基因大豆、玉米、棉花、油菜等作物及其加工产品的出口平衡了各国的粮食需求。例如，在2015—2016年度，全球大豆贸易的98%都是转基因大豆。中国就是粮食进口的受益国之一。

> 目前，中国已经是全球大豆、棕榈油、食糖和棉花市场最大的买家，是全球第一大农产品进口国和第二大农产品贸易国。若没有“顺畅”的粮食贸易，有很多国家会陷入粮食恐慌或更大的矛盾中。

总而言之，在转基因作物大面积商业化种植的20年间，以生物技术为代表的农业模式发展迅速，其带来了涉及经济、环境、社会、人文的巨大效益，不论是政府、农民都获益良多，愿人类可以通过转基因技术，全面促进经济和贸易全球化，真正实现解决因区域资源不足、全球环境恶化以及人口增长带来的粮食和食品安全问题。

第3部分

转基因生物和转基因食品的种类及其安全性

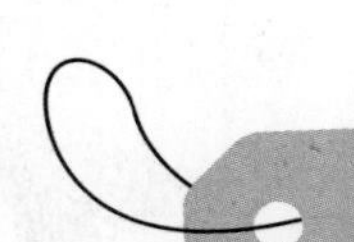

国内外市场上转基因作物的类别

目前国内外市场上转基因作物主要分为五大类别，第一类是抗除草剂作物，如抗草甘膦大豆、玉米；第二类是抗虫作物，如抗虫*Bt*蛋白玉米、棉花、大豆；第三类是抗旱作物；第四类是抗病毒作物，如抗病毒番木瓜；第五类是增加营养作物，如金色稻米。大概有七大作物，主要是大豆、玉米、棉花、水稻等四大作物，另外包括饲料用三叶草、甜菜以及果蔬类的番木瓜、南瓜。近年来，人们采用基因组编辑技术培育出了抗氧化褐变的苹果、双孢蘑菇。基因来源可以来自任何生物体，包括微生物、植物本身和动物。

国内外市场上转基因作物的类别

美国转基因作物产业发展历程

美国是全球转基因作物技术最为先进的国家，也是转基因作物商业化应用最为广泛的国家。作为生物技术的领导者，美国在20世纪70年代开始开展转基因的相关研究，并在1983年将外源基因成功导入烟草中。1994年，转基因番茄在美国加州上市。从1996年美国开始大规模商业化种植转基因作物，其中种植最广泛的是玉米、棉花和大豆，其他包括油菜、马铃薯、番茄、南瓜、番木瓜等。

美国转基因作物发展历程可划分为实验室研究、田间测试及商业化种植三个阶段。美国的转基因技术迅速发展，主要是基于美国国家战略的考虑、企业利润增长的需要、农作物种植收益提高的诉求及美国食品与药物管理局（FDA）对转基因食品安全性的研究论证四方面原因。在这四大因素作用下，美国的转基因作物商业化种植之路阔步向前。同时，在美国转基因作物推广的浪潮中，涌现出了以孟山都为代表的一批领先的转基因种子生产商。从孟山都的视角看美国转基因的发展历程显示，企业的培育繁殖推广一体化的商业模式和优质的产品使得美国在转基因之路上越走越远。

美国是转基因植物研发、田间试验和商业化应用最早和最多的国家，其转基因技术研究与应用一直处于国际领先地位。纵观美国转基因种子与作物的发展历程，可以分为三个阶段：

（1）实验室阶段　美国转基因作物研究始于20世纪70年代初期。1983年，全球第一例转基因作物——抗除草剂转基因烟草研制成功。此后多项转基因作物在实验室培植成功。

（2）田间测试阶段　1985年美国农业部动植物卫生检验局（APHIS）批准第一批抗病毒、抗虫害及抗细菌病的4种转基因作物进入田间试验。截止2013年9月，共有17328种转基因作物进入田间测试。

（3）规模化商业化种植阶段　1994年美国农业部批准晚熟番茄进入商业化生产，1996年美国转基因作物进入规模化商业化阶段。截止2013年，全美转基因作物达10.5亿亩，占全美农作物种植比例的50%。

美国转基因种子与作物推广的历程

时间	事件
20世纪70年代	密歇根大学、北达科他州立大学和美国农业部的实验室最早进行了转基因马铃薯的研究
1974年	科恩将抗青霉素基因转到大肠杆菌体内，揭开了转基因技术应用的序幕
1983年	全球第一例转基因植物——有抗生素药类抗体的烟草研制成功
1985年	美国动植物检疫局首次批准4种转基因作物进入田间测试阶段
1986年	美国环保署允许世界第一例转基因作物——含抗生素烟草进行种植
1994年	美国第一种转基因食品——转基因晚熟番茄获得商业许可
1996年	美国转基因作物全面进入商业化种植阶段
2000年	美国转基因大豆面积首次超过普通大豆
2013年	美国转基因作物种子面积达6993亿m^2，占全美作物种植比例的50%

截至2012年底，共有95个转基因作物品种通过FDA安全评价，主要为玉米（30种）、棉花（15种）、大豆（13种）、油菜（13种）；其他包括苜蓿、小麦、马铃薯、番木瓜、哈密瓜、南瓜、甜菜、番茄、菊苣、亚麻、草坪草等。转基因之所以在美国发展得那么好，跟他们两届总统——克林顿和小布什的特别支持有关系。这两位总统自己带头吃转基因食物，还去视察过孟山都，在审批等程序方面也都给予了最大方便。到奥巴马总统这一届，力度就不如前两届总统了，因为奥巴马夫人支持有机农业。但即便如此，转基因三文鱼是奥巴马总统在任时批准的，这是全世界上第一个批准商业化的转基因动物。

除了总统们的支持，转基因技术之所以能在美国高速发展，还依靠广大民众对这项技术持有的比较开放的态度。美国民众觉得转基因算是一个高科技技术，所以支持者占多数。例如，转基因玉米，因转运的是抗虫基因，相当于农药的功效，当时引起了广泛的争议，国会也讨论了很多次，最后还是决定批准它进入市场。

第一代转基因其实对农民的好处更多一些。很多人讲转基因不增产，其实是不直接增产。许多报道也强调相对的增产，比如说它会减少虫害、提高种植效率，所以一年可以种好几茬，这就相对提高了产量。转基因最大的贡献其实是降低劳动种植成本和提高种植效率。玉米现在是第一大粮食，超过了水稻、小麦。因为一个小麦穗上面有六十几粒小麦，可一个玉米有八百多粒玉米。所以玉米多种一茬，产量是非常高的。玉米和大豆一样，产量高，用途广，都特别适合机械化生产，可以遥控机器边收割边脱粒，玉米秆直接切碎了作为肥料，一个人可以种几千亩，转基因技术让玉米种植变得更加方便。

转基因产品如何在美国合法上市?

美国为生物技术监管构建了部门分工的协调管理框架，以美国食品与药物管理局（FDA）、环保署（EPA）和农业部（USDA）等机构共同组成的生物技术监管部门体系，政府机构分工明确，FDA负责转基因来源的食品以及食品添加剂监管，以确保食用安全性。USDA负责监管转基因作物，不会导致其他作物受更多病虫害的威胁。EPA负责保证杀虫剂对人、动物以及环境没有过度影响。与人和动物密切相关的转基因作物须通过FDA食品安全评价方可上市。

> 安全评价主要包括鉴别转入基因的属性、食品中新成分食用后是否有毒或导致过敏，以及营养成分与传统品种是否可比。

美国政府对转基因产品的管理原则“实质等同”。“实质等同”原则的提出首先出现在转基因食品安全领域。1993年经济合作与发展组织（OECD）提出了针对食品安全评估的“实质等同”原则，指出如果某个新食品或食品成分与现有的食品或食品成分大体相同，在基于科学认识的判断中，没有本质差别，那么它们是同等安全的。OECD认为，转基因食品及成分是否与市场销售的传统食品具有实质等同性，是转基因食品及成分安全评价最为实际的途径。美国现行的转基因生物安全管理和政策法规体系源于1984年美国总统办公厅科技政策办公室（OSTP）颁布的一部具有历史及现实意义的法规草案，即《生物技术协调管理框架》。该法规于1986年6月26日实施，该管理体系是通过法律法规与转基因生物技术的发展同步建立起来的。框架采用“实质等同”原则，只监管具体终端产品，而非产品的存在过程。不需新的专门机构管理和立法，只在原有法制结构下设立新的规范，加强规范之间的协调。尽管美国实行了分散的产品监管模式，但是在科研和商业上市过程中，对重要和关键部分形成了专门针对转基因产品监管的制度，包括农业部、环保署下的田间试验许可制度，环境释放许可与报告制度，跨州转移许可及运输包装标识制度，附条件审批豁免制度，以及食品安全制度中的自愿咨询制度、自愿标识制度、食品设施注册制度、记录建立与保存制度、进口食品预申报和行政扣留制度。这些制度使美国尽可能地追求自由商业转化与安全性控制的双赢，是美国转基因产品市场化监管得以有效作用的发力点。

在转基因技术研发阶段，政府主要对其安全性风险监管负责，市场选择的风险完全由企业自行承担；在产品的商业化阶段，美国以发达的市场条件和完善的司法体系为基础通过市场监督调控和司法救济实现产品分散监管模式的价值和优势。在这个过程中，政府作为批准和许可机构只承担非常有限的责任，因此其实际上是一种依靠市场选择的市场化监管模式。

（1）FDA为自愿咨询

FDA主要依据《联邦食品、药品和化妆品法》及相关实施条例对转基因食品进行监管。基于“实质等同”原则，FDA采取“自愿咨询程序+信息公开程序”（以下简称咨询程序）这一宽松形式对转基因食品予以监管，而非“审批许可”的形式。转基因食品自愿咨询程序是指：开发商在进行转基因食品生产研发、安全评估期间以及上市之前，主动对该食品及其新蛋白质的安全性问题向FDA咨询，最终完成食品安全评估并将咨询内容以特殊文件形式公开的程序。如果开发商未能保证食品安全（与是否完成上市咨询无关），FDA有权针对非法食品及销售者采取执法行动，开发商将面临巨额惩罚性赔偿。

虽然咨询程序强调“自愿”，但由于FDA咨询的权威性，开发商为了赢得消费者的认可，大都自发选择了这种“自愿”程序。

（2）EPA可申请残留豁免

EPA的基本职责是规制农药，即检测因农药使用对环境的影响。目前，EPA规制的“植物内嵌式农药”（PIP）是指植物利用自身组织产生或分泌的农药。虽然抗除草剂的转基因植物无法形成植物内嵌式农药，但是因其影响到了除草剂的使用，所以该类植物也落入了EPA的监管范围。一种抗虫或抗除草剂的转基因作物想要上市，必须经过EPA审批后登记备案才可上市。普通农药必须通过两项测试方能注册，即使用该等农药的益处必须大于风险，且因使用农药而导致在食品中的任何残留必须达到FD&C法第408节的安全标准。而对于抗虫或抗病转基因作物而言，如果某种转基因物质与人类接触无害或者在一定范围内无害，申请者可申请残留豁免。以抗虫转基因生物为例，由于*Bt*系列蛋白的特殊性，目前大部分转*Bt*作物所对应的植物内嵌式农药都采取申请残留豁免的方式予以审批。

（3）USDA及其下属部门动植物卫生检验局（APHIS）主要负责抗病虫害转基因作物的进口、洲际转移、环境释放等

美国农业部（USDA）通过许可的方式来管理商业化种植前的田间试验，即一种转基因作物想要出口到美国或在美国进行种植必须得到USDA的许可。USDA规制的对象为转基因生物的活体，所有灭活的各种转基因生物及不具繁殖能力的材料部分不受限制。也就是说，包括转基因大米在内的转基因食品不在USDA规定的范围内。APHIS负责提供植物有害生物风险评估的数据要求和信息，对生物制品的环境影响进行评估，在决定是否为受监管的活动发放许可，或者将生物技术产品定为非监管状态时，APHIS会出具《环境评估》或更全面的《环境影响报告书》，并在“联邦公报”上公开听取公众意见。

转基因食品在美国上市并没有引起巨大争议，最重要的原因是FDA有广泛公信力，美国民众信任FDA的安全评价。另外，美国科研机构、医疗机构和媒体都有很好的公信力，民众相信他们的判断以及对转基因相关的科普。FDA认为通过安全评价的转基因作物与传统作物没有安全性差别，因此认为转基因产品无需特殊标识，但鼓励生产商自愿标识。近来一些反转基因组织在某些州试图推动转基因食品强制标识。但是加州的投票否决了相关法案。否决的主要原因是转基因标识将提高食品生产流通成本，而且对消费者没有明显的益处。

由于大部分大豆、玉米和油菜籽均为转基因产品，而大豆油、菜籽油和玉米糖浆是很多食品加工所用添加剂，所以目前据估计美国75%以上加工食品含有转基因原料。在食品超市购物时，一般人不会在意食品是否有转基因成分。

转基因玉米和转基因大豆在美国食品中的分布

美国食品中分布最广的转基因成分玉米高果糖转化糖浆，其加工过程是从转基因玉米中提炼出淀粉，再把它转化成果糖糖浆，作为甜味剂，用在糕点、饮料里。美国人群的肥胖比例高，可能跟这个有关系，因为甜味剂使用得太多了。玉米油和玉米淀粉也是常见的转基因产品。完整的玉米粒磨成的粉，做成各种食品，如果没有特别标明是有机的，也许就是转基因的。曾经有中国专家将在美国超市购买的早餐麦片，拿到北京转基因检测实验室去检测，发现了很强的转基因信号。美国超市中的转基因玉米脆片doritos，有人曾在香港检测，其中有60%是转基因成分。很多地方用玉米粉代替面粉，放在披萨下面防沾黏。所以用了玉米粉的地方，如果不特意标明非转基因，里面就默认混有转基因玉米了。美国很多食品原材料是转基因和非转基因混起来用的，所以并不知道每种食物中含有多少转基因材料。只要不标识，就可以默认它是转基因的。只有标识了非转基因玉米，才是应用了非转基因原材料。

那么转基因大豆分布在哪儿呢？首先是大豆油，太普遍了。有些仿真的乳化奶油、人造黄油、色拉酱等都是用转基因大豆做的。油脂类的菜籽油是转基因材料做的。还有棉籽油也是。有人说美国人不吃大豆，用作饲料，其实美国人的零食，比如蛋白质能量棒里面就有转基因成分。还有榨完油脂后的豆粕，水解成大豆组织蛋白，用来做肉类制品，一来能降低成本，二来会使产品显得好看些。因为做肉丸的肉多数是边角料，颜色不太好看，还不易成团，加了这些组织后蛋白质就容易成型，能增加肉制品的弹力，脂肪含量也低一些，还可以提高营养。另外方便面里的素肉，标签上写的是用水解蛋白做的，多数情况下也不是使用真肉，是这种植物蛋白质做的仿真肉，像仿真的培根也是用植物蛋白质做的。凡是不标识用非转基因大豆做的，多半是用转基因大豆做的。农业部曾经出过一组数据表明，大豆组织蛋白其实有0.1%是进入到食品中去的，量虽然不多，但分布特别广，所以美国人也食用转基因大豆蛋白。

美国商业化的各种转基因作物和转基因食品

不用喷洒农药的表达*Bt*蛋白植物

明治维新后的日本经济发展十分迅速，其中一个代表是养蚕业。当时日本不仅是最大的蚕丝产地，还是最主要的蚕丝出产国。在19世纪末和20世纪初，一种称作猝倒病的细菌性疾病感染了日本的蚕。被感染的病蚕突然停止进食桑叶，随后出现颤抖的症状，并且很快侧倒死亡。这种病传染迅速，来势猛烈，对整个产业构成了威胁。于是日本的科学家希望能找到对付这种传染病的办法。1901年，细菌学家石渡繁胤从染病家蚕中成功地分离出了猝倒病的病原体。在显微镜下，猝倒病病原体细菌呈棒状，是一种杆菌。石渡将它命名为猝倒杆菌。不过石渡并没有更深入地研究下去，也没有及时发表研究结果。所以他的发现很快就被埋没了。

10年后，在地球另一端的德国，一家面粉加工厂的老板注意到一个奇怪的现象。一般来说，面粉在储存的过程中，免不了会被一些以此为食的昆虫损害。一种称作地中海粉螟的鳞翅目昆虫，就是让面粉厂最为头痛的害虫之一。不过这一次情况发生了变化，当地中海粉螟的幼虫吃了面粉之后，出现了大规模死亡现象。样品被寄到了德国科学家恩斯特·贝尔林纳的实验室。经过仔细地研究，贝尔林纳像石渡繁胤一样成功地分离出了病原体杆菌。不过他并不知道石渡繁胤的发现，所以根据发现地将其命名为苏云金芽孢杆菌（*Bt*）。有意思的是，贝尔林纳不久之后就把培养*Bt*的培养基弄丢了。在当时，人们还没有充分认识到*Bt*的使用价值，也许人类差点就要和这种日后对其造成巨大影响的微生物失之交臂了，不过幸运的是，Mattes在1927年重新从地中海粉螟中分离出了*Bt*。

很快，科学家就发现一个重要事实，Mattes分离出的*Bt*有极强的特异性，它能杀死鳞翅目昆虫，对其他动物却没有什么影响。于是，*Bt*被用来控制有害生物。20世纪20年代末，美国政府试着用*Bt*控制森林害虫舞毒蛾，结果效果不错。欧洲也做了类似的尝试。法国在1938年成功地研制出第一个商业化的*Bt*杀虫剂，这种杀虫剂称作Sporine，其原理很简单，就是把*Bt*溶解到水中。到了20世纪50年代，*Bt*作为绿色有机农药，在美国开始被大规模地应用。一个原因是当时美国的有机氯杀虫剂滴滴涕（DDT）被发现很难降解。滴滴涕对哺乳动物毒性极低，但是特异性不强，不仅能杀死节肢动物，还能在鸟类的身体中蓄积。所以更有针对性的*Bt*开始被大量用在森林和农业害虫的防治上。

*Bt*虽然有很多优点，但是其作为生物农药的缺陷也很明显。首先，它的价格很贵。其次，它在自然环境中很不稳定。作为喷洒剂，*Bt*农药很容易被雨水冲走，在紫外线的照射下也很快被分解。这就意味着农民需要多次喷洒*Bt*杀虫剂，不仅麻烦，而且进一步提高了成本。随着更加便宜的化学合成杀虫剂的出现，*Bt*农药在市场上的份额大幅度下降，只有那些坚持用有机绿色方式

种植作物的农民才会使用它。不过合成杀虫剂对环境造成了很大破坏，而且还威胁到了人类自身的健康。所以如何改进环保的生物农药，让它们变得更加便宜、稳定，成了一个棘手且重要的问题。

这个问题的解决，得益于现代生物技术的诞生。20世纪50年代中期，科学家发现*Bt*蛋白对鳞翅目动物的毒性来自孢子形成过程中产生的晶体蛋白质。1981年，美国科学家史涅夫和怀特利成功地提纯了这种蛋白质，并将其命名为cry。随后他们克隆出了cry的基因。几年以后，美国科学家把*Bt*蛋白的基因转入玉米和棉花中，让它在植物中持续地表达出来。这样，就不需要人工喷洒*Bt*蛋白了。

转基因技术和传统的杂交育种技术并无本质的区别，但是它的可控性更好。打个比方，如果说传统的杂交育种是盲目地将大量基因像一团乱麻一样塞入新品种的话，那么转基因技术更像一把锋利的手术刀，能够精准地切割我们需要的基因，然后把它接入新作物中。这样，培育新品种作物的不确定性就大大降低了。*Bt*转基因作物的出现还有一个好处，因为*Bt*蛋白更加集中地出现在植物体内，所以误伤非农业害虫的几率降低了不少。经过10年的检验后，1996年，转基因玉米和棉花在美国成功上市，目前还没有发现对人类健康有任何负面的影响。*Bt*转基因作物对于环境的贡献是巨大的。在美国，转基因抗虫棉让杀虫剂的使用量降低了82%。而在中国，转基因棉的种植也让农药的使用量降低了60%~80%。

人类使用*Bt*的历史已经有大半个世纪了。在此期间，科学家做了数不清的实验评估*Bt*中cry蛋白的安全性。检验一种物质是否有毒，最直接的方法就是急性经口毒性检测。科学家用纯的*Bt*蛋白在老鼠身上做实验。对于老鼠来说，按照每千克体重口服3.8~5克cry蛋白的量是安全的。中国的转基因水稻中*Bt*蛋白含量不超过2.5微克/克，所以一个体重60千克的人吃120吨稻米也不会因为cry蛋白中毒。另一方面，*Bt*蛋白在人体内不能积累。如果把它加入胃液提取物中，所有*Bt*蛋白会在0~7分钟内被分解，这是一种容易消化的蛋白质，而且它包含了全部人体必需氨基酸。所以对人类来说，*Bt*蛋白不但没有毒性，反而挺有营养。

> 很多人对Bt蛋白的恐惧来源于“虫吃了要死，人吃了怎样”的担忧。这种担忧毫无道理，人类和昆虫本来就是完全不同的物种。番茄碱、辣椒素都能杀虫，但番茄和辣椒却是人们喜爱的食物。

对*Bt*蛋白的毒理研究显示，*Bt*蛋白本身是无毒的，是一种原毒素。这种原毒素可以被某些昆虫体内的酶活化，随后能够结合在肠道受体上，造成肠道穿孔。人类和绝大多数动物既没有可以激活原毒素的蛋白酶，也不存在能和*Bt*蛋白特异性结合的受体，所以*Bt*蛋白对人类的健康没有任何影响。

还有一些人担心*Bt*蛋白会成为一种过敏原，这种担心也是不必要的。*Bt*蛋白在氨基酸序列和蛋白质结构上都和人类已知的过敏原相差很大，更关键的是，没有任何实验证据说明它能够引起过敏反应。美国自20世纪50年代开始大规模使用*Bt*蛋白作为生物农药，迄今为止只发现了两例有争议的过敏案例。其中一人有严重的食物过敏症，所以不能确定过敏原一定是*Bt*蛋白，而美国每年因为花生过敏死亡的人数就有约100人。

目前，一些新的cry蛋白也被成功地从*Bt*中分离出来，它们可以杀灭不同的昆虫种类，但是都具有特异性高的特点。某些cry蛋白可以抗鞘翅目昆虫。马铃薯的头号杀手科罗拉多甲虫以及我国重要用材树种杨树的天敌天牛都属于鞘翅目。另外一些cry蛋白则针对双翅目昆虫。虽然双翅目昆虫大多不是农业害虫，但是它们能传染疾病。蟠尾丝虫症又叫河盲症，是仅次于沙眼之后的第二大致盲传染病。河盲症由一种称作黑蝇的双翅目动物传播，一度在非洲非常流行。1974年开始，联合国卫生组织开展了蟠尾丝虫症控制计划（OCP），这一计划大量使用*Bt*扑灭黑蝇。1985年以来，每年*Bt*用量都在21万~40万升。OCP计划最后大获成功，3000万人得到了保护。据估计，因为OCP计划直接避免盲眼的人数就有26.5万人。*Bt*作为控制疾病最主要的因素之一，功不可没。

大自然不是为了人类而设计的。大约1万年前最原始的农业逐渐出现以后，人类就开始训化天然的野生植物，将其训化成适合人类食用的作物。开始是通过无意识的人工选择。20世纪产生的诱变育种和杂交育种技术让我们能够人为地改变作物的基因组。不过这种改变是随机的，掺杂了很多不确定因素。转基因技术的诞生让人类能够更有效地使作物符合自己的需要。纵观人类历史，科学技术一再帮助我们提高生活质量，延长平均寿命。任何以“回归自然”为借口而反对现代技术应用的行为都是不理智的。正是因为历代人努力地改造大自然中野生的物种，我们的食物才会越来越丰富，越来越可口，越来越健康，越来越安全。

“不怕”农药的抗草甘膦作物

草甘膦是由美国孟山都公司研制成功的灭生性茎叶处理除草剂，具有高效、广谱、低毒、低残留、易于被微生物分解、不破坏土壤环境、对大多数植物具有灭生性等特点。后来得益于抗草甘膦转基因作物的发展和推广，这种除草剂一直稳坐世界第一大农药的宝座。

草甘膦作为一种非选择性除草剂，它的作用机制是竞争性地抑制莽草酸途径中5-烯醇丙酮莽草酸-3-磷酸合成酶（EPSPS）的活性。该合成酶是真菌、细菌、藻类和高等植物体内芳香族氨基酸（包括色氨酸、酪氨酸、苯丙氨酸）生物合成过程中的一个关键性的酶，所以用草甘膦处理后的植物，其内含有这类氨基酸的蛋白质合成就会受阻，进而影响一系列代谢过程，导致植物死亡。

抗草甘膦的作物是在抗草甘膦基因发现之后出现的，第一个商业化的抗草甘膦作物就是孟山都公司研发成功的抗草甘膦大豆Roundup-Ready

Soybean，该品种于1996年首先在美国推广种植，之后抗草甘膦基因进一步进入到油菜、玉米、棉花等作物。那为什么抗草甘膦大豆能够抵抗草甘膦造成的药害呢？

目前研究者主要从三个方面入手来改善作物的抗草甘膦特性：①通过使草甘膦抑制的酶过量表达，进而让植物吸收草甘膦之后能够进行正常代谢。②引入酶系统，草甘膦进入植物体后迅速将其降解。③应用于生产实践上的主要方法是对草甘膦作用的酶进行修饰，降低酶对草甘膦的敏感性。目前研究者们从大肠杆菌（*Escherichia coli*）、沙门氏杆菌（*Salmonella typhimurium*）和农杆菌（*Agrobacterium tumefaciens*）等微生物中分离出了抗草甘膦的突变基因，而应用于生产的是从农杆菌菌株上分离出的CP_4基因。在大豆上导入了这种抗草甘膦基因，在大豆植株中表达出的CP_4-EPSP合成酶对草甘膦的敏感性比较低，这使得转基因植物体内的莽草酸途径可以正常进行，这样大豆就表现出了对草甘膦的抗性。

国外流行的转基因食品

目前中国的转基因食品转入的性状主要停留在抗虫、抗除草剂、抗病毒上。和传统食品相比，外观、口感和营养上没什么区别，含有的农药残留、霉菌毒素少，产量高使得价格便宜。而国外新的转基因食品更能让消费者体会到转基因带来的好处。

（1）转基因黄金大米

黄金大米

黄金大米是一种转基因稻米品种。由于通过基因工程使得稻米的食用部分胚乳含有维生素A的前体—— β-胡萝卜素，因其呈现金黄色而得名。β-胡萝卜素在人体内会转化成维生素A，可以缓解人体维生素A缺乏。据统计，维生素A缺乏每年可导致67万名五岁以下儿童死亡，这些儿童多来自非洲和东南亚等贫困地区。

黄金大米由瑞士苏黎世联邦理工学院的英戈·波特里库斯与德国弗赖堡大学的彼得·拜尔经过八年时间研制成功。1999年，他们在《科学》杂志上首次报道了技术细节，把黄水仙基因片段和细菌DNA加入水稻基因的方式成功地产出了 β-胡萝卜素。他们将专利权授予了先正达公司，条件是该技术及其任何改进都应当免费赠予发展中国家的贫穷务农者。该公司保留了在发达国家的专利权，并将其当作维生素补充剂的替代品推出。后来，先正达的研究者把黄水仙基因替换为玉米基因，从而改善了 β-胡萝卜素的产出量。

黄金大米通体金黄，被人们认为可以用于对抗贫困人口的维生素A缺乏症，但由于它是一种转基因稻米，长期以来面临安全性的争议。位于菲律宾、由世界银行资助的国际水稻研究所（IRRI）是目前国际上黄金大米的主要研发单位。在IRRI的领导下，黄金大米目前在菲律宾进行大面积种植检测。尽管对黄金大米的研究是基于人道主义的目的进行的，但还是遭到了一些环保团体的反对。2013年曾发生过菲律宾当地的抗议者破坏试验田，他们将转基因稻米的禾苗连根拔起。由于来自当地政府的反对，实验进展也一拖再拖。

澳新批准黄金大米用于食品：混入进口稻米时不再被退运或销毁

2016年11月16日，国际水稻研究所向澳大利亚和新西兰食品标准局（简称“澳新局”）递交了“将黄金大米列入S26文件”的申请，编号为A1138。澳新局随后对该转基因稻米进行了食用安全性和营养方面的评价。2017年8月3日，澳新局在其官网发布公告称，该局经全面评估，包括饮食摄入评估，确定黄金大米没有公共健康或安全问题。所以，他们开始征集公众意见。征集时间截至2017年9月14日18：00（堪培拉时间）。在该公告中，澳新局的首席执行官Mark Booth称，饮食摄入评估模拟了一种情况：假设澳大利亚居民食用都是黄金大米，那么，这可能导致人们对β-胡萝卜素的摄入量增加2%~13%，相当于大约1茶匙左右胡萝卜汁中胡萝卜素的量。在获得相应的贸易许可之前，货物中检出违禁的转基因农作物往往面临被销毁或被退运的结局。澳新局通报称，他们共收到33份公众意见，这些公众意见除了来自澳大利亚和新西兰，还有来自中国、巴西、荷兰、美国、日本、越南、肯尼亚、西班牙、阿根廷等国家，其中23份意见支持黄金大米获批。

据2018年年初的消息，澳新局发布通告称，批准黄金大米在该国用于食品。这意味着转基因食品黄金大米离进入澳大利亚和新西兰的市场又近了一步。但黄金大米目前尚未获准在澳大利亚和新西兰种植，也不作为大宗商品或食品供应两国市场，而仅仅作为进出口贸易中的豁免条款：当出口到澳大利亚或新西兰的稻米或制品中无意混有黄金大米时，不再成为贸易事件，被退运或销毁。

黄金大米曾违规进入中国小学午餐被查处

黄金大米在中国也曾经引发争议。2012年8月，《美国临床营养杂志》发表了一篇题为《黄金大米中的 β-胡萝卜素与油胶囊中的 β-胡萝卜素对儿童补充维生素A同样有效》的研究论文，该论文的主要作者为美国塔夫茨大学汤光文、湖南省疾病预防控制中心胡余明、中国疾病预防控制中心营养与食品安全所荫士安和浙江省医学科学院王茵。这篇论文是基于研究者对中国6~8岁儿童进行人体试验得到的结果。这一事件经由绿色和平组织曝光后，在中国掀起轩然大波，也使"黄金大米"背上了恶名。后来，中国疾病预防控制中心等监管机构认定这项实验的操作审批过程违规。

（2）快速生长的转基因三文鱼

2015年11月19日，美国食品与药物管理局（FDA）批准转基因三文鱼上市，美国FDA裁定转基因三文鱼安全，除生长速度快之外，外观、质感、营养都没有变化，可以进行商业化生产和销售。半年后，转基因三文鱼在加拿大批准上市。市场上的三文鱼多数是指大西洋鲑鱼，这种转基因三文鱼就是肉质鲜美的大西洋鲑鱼。大西洋鲑鱼长得比较慢，即使是最好的品种，也要养大约3年才能上市。转基因三文鱼转入生长比较快的大鳞大麻哈鱼的生长激素基因，为了能让生长激素基因在寒冷的季节也能表达，同时还转入了美洲绵鳚抗冻蛋白的启动子。经过这样的改造以后，转基因三文鱼生长速度就变得很快，体型约是其野生同类的两倍，大约养一年半就能上市，而且能够提高饲料的利用率。2017年8月4日，开发转基因三文鱼的美国AquaBounty科技公司宣布，他们已经向加拿大顾客售出了约4535千克转基因三文鱼产品，转基因动物首次被端上餐桌。

传统三文鱼（前）、转基因三文鱼（后）

（3）第二代转基因马铃薯

炸薯条在国内外备受人们喜爱，但是炸薯条最容易发生丙烯酰胺超标，因为丙烯酰胺是一种潜在致癌成分。而第二代转基因马铃薯具有三大优点：①在油炸过程中可大幅降低丙烯酰胺的产生，降低致癌风险。②抗氧化，切开不易变黑，可以长时间存放。③抗晚疫病。晚疫病是一种真菌病害，该病严重发生时会导致马铃薯霉变腐烂以至绝收。这种病被称为马铃薯“瘟疫”，是马铃薯种植者面临的主要问题。④抗寒。抗寒增强了低温存储能力，可使马铃薯在较低的温度（0~4℃）下存储更长的时间，从而避免浪费。第二代转基因马铃薯有了这四个特点，在种植、运输、加工等各环节都将大幅节约成本。第二代转基因马铃薯只含有马铃薯的基因，和常规马铃薯具有同样的味道和营养品质，在食用和对环境影响方面都是安全的。这种马铃薯于2017年2月在美国获批，可在美国商业化种植和销售，同年8月份在加拿大获批可进行商业化种植。

（4）抗褐变苹果

刚榨出来的苹果汁还没来得及喝就变黑了，因为其中的多酚化合物被氧化了。苹果含有多酚化合物和多酚氧化酶，正常情况下呆在不同的细胞器中，井水不犯河水。当苹果被削皮、切开或者磕碰后，细胞破裂，它们就有了“碰面”的机会。多酚氧化酶促使多酚被氧化，然后聚合成深色物质，也就“褐变”了，导致果肉变成棕褐色。褐变会对苹果产业造成麻烦，除了影响卖相，还会降低苹果品质。因此企业在储运苹果和生产果汁时，常会使用一些抗氧化剂来解决这个问题，如柠檬，以及有些大型的食品公司大量采用抗坏血酸钙的抗氧化剂，成本颇高。阻止苹果褐变有两条途径：一是不产生多酚化合物，二是不产生多酚氧化酶。多酚化合物是苹果的“健康成分”以及风味来源，没有了它们，苹果的吸引力将大为降低。所以，防止褐变的现实途径，就是抑制多酚氧化酶的产生。

传统苹果（左）、抗褐变苹果（右）

为此，美国OSF公司科学家用“RNA干扰”——一种基因沉默技术编辑了苹果的DNA，使它产生较少的多酚氧化酶。这种技术跟通常的转基因技术有所差别，它并不在植物的DNA序列中转入基因。它的技术原理在于，在植物合成蛋白质的时候，首先要对DNA进行转录得到RNA，由RNA把遗传信息传递到核糖体，然后“照图施工”合成相应的蛋白质。多酚氧化酶作为一种蛋白质，也要经过这样的流程才能合成出来。“RNA干扰”技术是引入一段RNA序列，特异性地与传递多酚氧化酶遗传信息的RNA结合，让遗传信息无法传递到核糖体，也就不会合成多酚氧化酶了。

这种由美国OSF公司开发，注册商标为“Arctic®”（北极）的苹果在切片后可以保持三周不褐化，降低了运输及加工生产成本。2015年，Arctic®苹果在美国获得种植许可，此后共有三个品种先后在美国和加拿大获得批准。跟市场上的现有苹果相比，Arctic®苹果没有增加健康风险，基因编辑操作不增加过敏，营养价值跟传统的苹果没有差异，种植不会对环境产生不良影响。

（5）粉心菠萝

粉心菠萝

一般市场上见到的菠萝都是黄色的，很少有人见过粉色的菠萝。中国没有，美国则有由德尔蒙食品公司开发的粉色菠萝，这种菠萝不仅颜值高，营养价值也高。科学家利用转基因技术降低了菠萝果实中一种酶的水平，这种酶可以把粉色的番茄红素转化成黄色的 β-胡萝卜素，因此“粉心”菠萝果肉中保留了大部分番茄红素，所以果肉变成了粉红色。番茄红素普遍存在于番茄、西瓜中，抗氧化能力远远超出胡萝卜素、维生素，除了抗癌、保护心血管功能外还能防治多种疾病，营养价值极高。2016年12月14日，美国食品与药物管理局（FDA）宣布通过粉心菠萝的安全评价，批准粉心菠萝在美国市场销售。

（6）*Bt*转基因抗虫茄子

*Bt*转基因抗虫茄子

2013年10月30日，孟加拉国作出了一个历史性的决定，批准了4个*Bt*转基因抗虫茄子品种进行种子生产和商业化种植。2014年春季开始播种抗虫茄子，1月22日，孟加拉国农业部长将4个抗虫品种的茄苗分发给22个来自4个代表性地区的农户，使他们成为孟加拉国首批种植抗虫茄子的农民，种植面积2公顷以上。这些品种对所种植地区有良好的适应性，并受到精心的管理。由孟加拉国农业研究所研发的这4个转基因抗虫茄子品种分别是BARI *Bt*（Uttara）、BARI *Bt*（Kajla）、BARI *Bt*（Nayontar）和ISD006 *Bt* BARI。

茄子是孟加拉国一种非常重要的蔬菜，孟加拉国每年约有15万农民在冬夏两季种植5万公顷茄子。茄子普遍受到斜纹夜蛾这种毁灭性害虫的危害而损失严重，但传统的杀虫剂又难以对其有效控制。在虫害严重发生时，农民除了不停地打药别无选择，有时隔一天就打一次药，一个生长季节总共要打80次药，远远超过了推荐的25次，从而使长出来的茄子也带有剧毒，对生产者、消费者和环境造成严重影响。*Bt*转基因茄子的特性使农民再也不用喷施农药了。自2005年，孟加拉国农业研究所的科学家们就对当地食用最多的蔬菜之一——茄子展开了生物技术研究，向其基因组插入了一个晶体蛋白质的编码基因（Cry1Ac），这个被称作*Bt*的基因来自土壤苏云金芽孢杆菌，它表达的晶体蛋白质能够特异性地杀死鳞翅目昆虫的幼虫，而大部分农作物害虫都属于鳞翅目。*Bt*转基因抗虫茄子足足用了7年时间才最终完成在国内多种类型农业生态区的温室及大田试验。随着转基因抗虫茄子的开放种植，孟加拉国成为全球第28个种植转基因作物的国家。

从*Bt*茄子的田间表现看，*Bt*技术对生产者非常有益，可减少经济损失，增加商品产量，从而导致丰收。孟加拉国消费者首次获得免受虫害的茄子。早期实验数据表明，*Bt*茄子至少增产30%以上，减少70%~90%的杀虫剂使用，每公顷增加纯效益1868美元。

这是好几个世界上最穷农民的年收入之和，孟加拉国人均年收入仅700美元。就全国而言，*Bt*茄子每年可为孟加拉国的15万种植茄子的农民产生2亿美元的额外收益。消费者也因无农药残留、品种得以改良、产品更为廉价而大受其益。

我国的进口大豆基本上都是转基因品种

目前全球最大的大豆出口国美国转基因大豆种植比例为94%，阿根廷、巴西几乎全部种植转基因大豆。因此全球大豆贸易的品种主要是转基因大豆。

凡申请我国进口安全证书，必须满足四个前置条件：

1. 是输出国家或者地区已经允许作为相应用途并投放市场；
2. 是输出国家或者地区经过科学试验证明对人类、动植物、微生物和生态环境无害；
3. 是经过我国认定的农业转基因生物技术检验机构检测，确认对人类、动物、微生物和生态环境不存在风险；
4. 是有相应的用途安全管制措施，批准进口安全证书后进口与否，进口多少，由市场决定。

由此可见，进口转基因大豆是安全的，在国外转基因大豆品种非常普遍，公众不必对其产生恐慌，更不必对其质疑。

我国畜牧养殖业规模很大，需要大量蛋白质饲料；我国食用油需求也越来越大，需要大量进口。中国每年要消费8000多万吨肉类产品和近3000万吨蛋品，需要消耗1.8亿吨饲料，豆粕约占饲料比重的30%，且不可或缺。相对于其他主粮，大豆的单产仅为小麦的1/3 、水稻的1/4和玉米的1/5。中国进口的9300万吨大豆，相当于8亿亩耕地的产量，占中国18亿亩耕地总面积的40%。但由于我国土地有限，耕地主要用于保障主粮水稻、小麦种植，若大面积种植大豆会影响主粮生产，造成粮食短缺。根据资料显示，我国大豆需求量从

1990年的1100万吨增加到2015年的9300万吨，进口转基因大豆主要用于饲料豆粕和食用豆油生产。国产大豆总产量远不能满足国内需求，在耕地面积紧张的情况下，用进口大豆节约出来的耕地种植相对高产的主粮作物，是最合理的选择。因此从1996年起，我国成为大豆进口国。我国国产非转基因大豆主要用于豆制品生产和鲜食。目前国内没有获得安全证书的转基因大豆品种，所以近期国产大豆主要是发展非转基因品种。

陈章良首次成功完成植物转基因——矮牵牛

1985年，在其博士导师的指导下，还是华盛顿大学三年级研究生的陈章良选定了转基因矮牵牛和烟草的研究课题。随后在世界上首次成功利用植物基因工程新技术将大豆贮藏蛋白的基因转移到矮牵牛上。虽然这一成果属于美国，但陈章良是主要的参加者。文章最后注解中说明经费来自美国能源部，陈章良的博士经费来自中华人民共和国。继这篇植物转基因首报之后，陈章良在导师指导下又完成了经济作物烟草转基因工作。

中国是首个商业化种植转基因作物的国家

（1）中国转基因烟草曾出口供应给“万宝路”

陈章良完成了博士学位攻读后，杜邦、孟山都等公司都为他提供了工作岗位，但他选择了回国到北大生物系工作，成为当时北大最年轻的教授，国务院为陈章良拨款600万元人民币在未名湖水塔边上盖了一座研究生物技术的实验楼。在北大，陈章良用他在美国就掌握的烟草转基因技术，驾轻就熟地做出了抗烟草花叶病毒的转基因烟草，中科院微生物所的田波教授也同时独立完成了这项工作。

此项技术在河南等地大量应用，生产的烟叶远销到美国，中国成为世界上第一个商业化种植转基因作物的国家。美国名烟万宝路在不知情的情况下，其烟丝的主要原料竟然含有从中国进口的转基因烟草。当时全世界对转基因技术的认识还很肤浅，包括美国在内的所有国家还没有转基因作物监管的法规，对转基因作物的安全性也有疑虑。所以美国获悉销售量很大的万宝路香烟竟然使用了中国的转基因烟草做原料，非常震惊，美国农业部派出包括贝茨维尔农业研究中心级别最高的华人农官、烟草专家左天爵在内的一个代表团来中国谈判，要求中国停止出口抗病毒转基因烟草到美国，否则美国将停止从中国进口烟草。在美国政府的压力下，中国不得不封存和销毁了河南库房中的所有转基因烟草。

> 中国最后停止了种植世界上第一个有商业行为的转基因烟草，中国转基因作物商业化的努力夭折在美国的压力之下。（资料来源：《科技生活周刊》2015年8月24日，王天元）

（2）美国迅速发力转基因农业，孟山都崛起

陈章良及其导师在美国成功地把农艺性状基因转到烟草的首创工作，惊动了位于同一城市的孟山都公司，再加上中国竟然把转基因烟草出口到美国，让孟山都公司看到了转基因作物的巨大市场和经济潜力，于是这个原来是以卖农药和除草剂为主业的公司，投巨资开发了转基因作物，在短短8年内就成功转型，从一个农药化学公司，转变为世界最大的种子公司，与美国其他种子公司以及其他少数国家一起，开发出了如今占世界耕地总面积约12%的转基因大豆、玉米、棉花和油菜，年营业额达120亿美元。中国则从当初把转基因烟草卖到美国的身份，变成现在每年花400亿美元进口7200万吨孟山都公司开发的

转基因大豆和其他转基因产品的进口国，历史是不是有点讽刺？

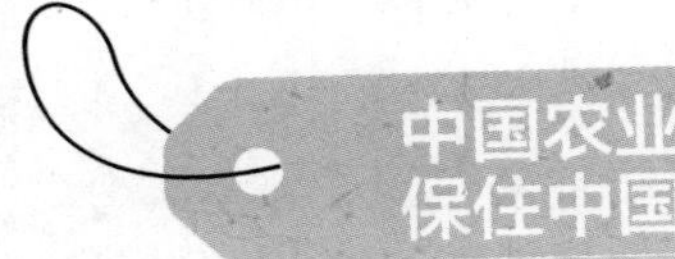

中国农业科学院力抗孟山都转基因棉花，保住中国棉花市场不陷落

（1）自主知识产权的转基因棉花将孟山都赶出中国

20世纪90年代中期，中国棉花种植业出现主要害虫棉铃虫的抗性问题，当时农药都杀不死这些抗性棉铃虫，棉花产量急剧下降，整个纺织业即将崩溃。此时，美国孟山都公司挟其转基因抗虫棉来中国推销，游说国家科委和农业部，开出的条件是中国先付给它1000多万美元的专利技术使用费，由孟山都在河北与岱字棉公司成立合资公司，负责购买孟山都的转基因抗虫棉种子（孟山都赚的第二笔钱），岱字棉公司与孟山都（中国）各分50%的利润（孟山都赚的第三笔钱）。

时任国务院领导获知此事后，指示要研究出我们自己的转基因抗虫棉。获此任务后，中科院和中国农科院等科研机构集中力量攻关。当时中国农科院生物技术所的科技人员郭三堆24小时在实验室研究，要做出不侵犯孟山都专利权的抗虫*Bt*转基因棉，所长范云六在科研经费紧张的情况下，千方百计为郭三堆提供经费和设备保障，贾士荣作为转基因棉推广发展的责任人，全力组织全国大协作。最后，由中国农科院生物技术所研发出了具有自主知识产权的转基因抗虫棉，合成出的抗虫*Bt*基因Cry1Ab +Cry1Ac不在孟山都的专利保护权利之中，中国的棉花种业市场从此由我们自己掌控。遭到重创后的孟山都不得不退出中国市场，转向印度，采取了在中国与河北岱字棉公司合资的同样手段，与印度最大的种子公司Mahyco合资，通过Mahyco在印度申请，印度政府批准了

3个转基因抗虫棉在印度栽种。此后12年，孟山都通过Mahyco赚了天价利润。孟山都在开始进入印度的2002年卖给印度的转基因抗虫棉种子低于1美元/千克（低价开拓市场），但到2010年孟山都卖给印度的转基因棉种的价格飙升到74美元/千克，不到10年涨了约100倍，孟山都从印度推销转基因棉每年获得的利润高达2亿美元。而现在，印度棉农想不种孟山都的转基因棉已不可能，因为买不到非转基因的棉花种子了。印度的第二大棉花种子公司到中国的棉花种子公司购买中国开发的转基因抗虫棉种子，意图摆脱美国孟山都对他们的控制。

（2）转基因棉花为中国创造财富120亿美元以上

如今，中国棉花栽种总面积的95%栽种的是我国自己开发的转基因棉。中国的棉花总产量比美国几乎高出一倍。粗略估计，美国2010年的棉花总产值约6亿美元，中国的产值应该是12亿美元左右，所以中国农业科学院生物技术所的这项转基因棉花技术，不仅阻击了美国转基因棉花对我国棉花市场的控制，而且经十多年的努力为国家创造的财富在120亿美元以上（截至2010年），早就超过我国对转基因作物专项投资的总金额200亿人民币（相当于30多亿美元）。

网传“中国商业化转基因食品名单”的真假

中国目前获得转基因安全生产证书的转基因植物有7种，推广种植的只有转基因抗虫棉、转基因抗病毒番木瓜和转基因抗虫白杨，我国至今尚未开放转基因粮食作物的商业化生产。中国在1997年开始批准转基因抗虫棉商业化种植，当时美国孟山都公司转基因棉花占中国抗虫棉市场的95%，2012年以后自主抗虫棉品种已占中国抗虫棉市场的95%以上。除了抗虫棉，2014年广东、海南和广西三省种植了8500公顷抗病毒番木瓜，另外，还种植了543公顷*Bt*白杨。

转基因作物诞生30多年来，中国在转基因作物研发和部分转基因作物产业化方面都取得了较大进展，成为全球仅有的几个拥有转基因核心技术的国家之一。但是，中国只成功推动了抗虫棉的产业化，其他转基因主粮作物的产业化进程则比较缓慢。为了满足中国的食用油和饲料需求，从2003年开始我国大量批准进口转基因产品用作加工原料。相应地，国外申请出口到中国的转基因作物种类和数量也逐年提高。

目前，国外公司申请向中国出口的转基因作物有45项已经获得安全证书，按照作物种类划分，包括玉米16项、大豆12项、棉花9项、油菜7项、甜菜1项；在申请单位方面，美国的孟山都18项、杜邦5项，德国的拜耳13项、巴斯夫1项。

根据我国2002年公布的第一批实施标识管理的农业转基因生物目录，除了转基因番木瓜不在其中，必须标识的包括大豆种子、玉米种子、棉花种子、番茄种子、鲜番茄、番茄酱等，总共5大类17种。

事实上，转基因食品早已渗入我们的生活，最典型的直接食用的农产品是番木瓜。长期以来，在南方水果摊档上常见的番木瓜，并没有因其“转基因”的身份在“挺转”“反转”的争议中引起太多关注，公开资料也无法确切查询国内种植的番木瓜中转基因成分所占的比例。20世纪90年代末，华中农业大学出现转基因的贮藏番茄，那个时候由于转基因刚起步，批准程序相对较松。但是最终由于不被公众接受，没有进行大批量产业化生产。实际上，目前国内外的啤酒接近100%都属于转基因，因为发酵啤酒的酵母性能需要改良。其实我国还有很多技术储备的转基因作物，有很多花费了巨大财力和科研力量研究成功的转基因农作物品种，如抗螟虫转*Bt*基因水稻等已获得国家颁发的安全证书，但由于不被公众接受，农业部迄今没有批准其的商业化种植。

其他传言的转基因品种，如圣女果（樱桃番茄）、胡萝卜、小黄瓜、彩椒、紫红薯、樱桃、小麦、马铃薯等，实际上都不是转基因品种。有些人认为大米属于转基因作物，但其实不是。

我国期待上市的几种转基因食品

看着国外的各种吸引人的转基因食品，中国科学家也研究出了很多能够让消费者感受到好处的转基因食品，其中有的已经拿到安全证书，但目前还没有上市。

（1）快速生长的转基因黄河鲤

1985年，德国的科学杂志《应用鱼类学》上发表了一篇关于转基因黄河鲤的论文，介绍的就是中科院水生生物所朱作言院士的研究成果。这种转基因黄河鲤平均生长速度比对照野生黄河鲤快53%~115%，缩短了一半的养殖周期，降低了养殖成本和风险，口感上和普通鲤鱼没有区别，这不仅是在鱼类上的第一篇转农艺性状基因成功的报道，也是动物和植物农艺性状转基因成功的第一篇报道，早于美国同类研究3年。

这一研究很快受到国际学术界的关注和认可。除了学者来访和媒体报道之外，美国明尼苏达大学4个不同系的教授联合提名向学校推荐，朱作言被明尼苏达大学邀请到该校做极具殊荣的Hill-Visiting Professor（每年在全球范围遴选邀请10名成就卓著的教授去该校访问，朱作言是第一位被邀请的大陆学者），并邀请朱作言去该校帮助建立和启动这项研究。接

冠鲤与黄河鲤对照（8月龄）

着，美国马里兰大学海洋生物技术研究所又邀请朱作言到该校任教授研究员。美国《纽约时报》1990年11月27日用半版报道了朱作言的转基因鱼研究，并刊发了朱作言的两幅照片，肯定中国科学家的研究成果，而美国3年后才有类似研究报道。目前转基因黄河鲤已经具备使用安全、生态安全、完全的自主知识产权等产业化应用条件，期待能够早日产业化。

The New York Times 纽约时报 Science 科学版

WORLD | U.S. | N.Y./REGION | BUSINESS | TECHNOLOGY | SCIENCE | HEALTH | SPORTS | OPINION | ARTS | STYLE | TRAVEL | JOBS | REAL ESTATE

ENVIRONMENT SPACE & COSMOS

New Prospects for Gene-Altered Fish Raise Hope and Alarm 基因修饰鱼的新前景提出了希望和警示

Published: November 27, 1990 1990-11-27

In the five years since Chinese scientists first transferred a human growth hormone gene into goldfish, researchers have successfully transferred a foreign gene into fish at least 27 times. They have put genes from people, cattle, chickens, mice and other fish into a number of species from Atlantic salmon and rainbow trout to walleye and northern pike.

Alarm Over Impact 中国科学家在世界上首次成功把外源的人类生长激素基因转入金鱼至少27次

然后把来自人类，牛鸡小鼠和其它鱼类的基因转到三文鱼，鳟鱼，鼓眼鱼，白斑狗鱼中

The proliferation of experiments has alarmed environmentalists and many scientists, who say these new transgenic strains could profoundly disrupt fragile aquatic ecosystems.

MOST EMAILED MOST VIEWED

美国《纽约时报》的报道

（2）植酸酶玉米

转基因植酸酶玉米主要作为牲畜的饲料使用。传统玉米中含有大量磷，但是这些磷存在于植酸中，大部分无法被牲畜吸收利用。由于以玉米为饲料，牲畜容易患缺磷症，往往要在饲料中添加无机磷。这样不仅增加了成本，而且玉米中的植酸多数因未被消化，会随粪便排出，被冲入河流、海洋，对环境造成磷污染，其后果是使水体富营养化。转基因植酸酶玉米含有大量植酸酶，能把植酸分解掉，这样牲畜就可以吸收利用玉米中的磷了，既降低了饲料成本，又减少了磷污染，延缓了磷矿资源的枯竭，显著节省成本，还可以增进牲畜对

铁、锌、钙、镁、铜、铬、锰等矿物质元素的吸收。更重要的是，它能有效减少牲畜粪便对环境造成的污染。这就形成了良性循环。2009年，中国农业部批准了转基因植酸酶玉米安全证书，在未来会有转基因植酸酶玉米上市。

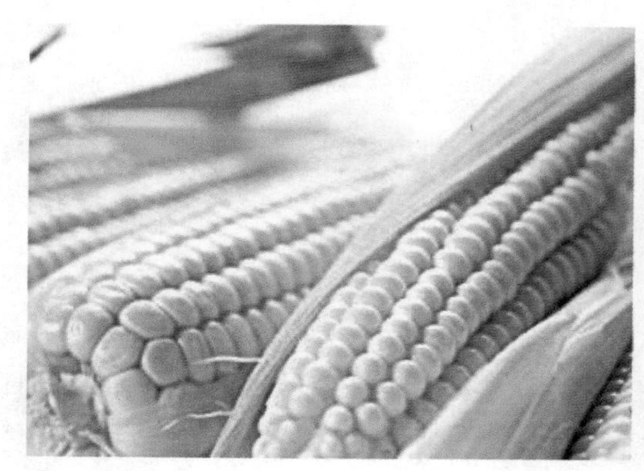

植酸酶玉米

（3）能造血的水稻

人血清白蛋白是“救命药”，常用于失血、烧伤引起的休克、肝腹水、癌症等危重病症的救治，其需要从人类血浆中提取。我国因血浆短缺，导致人血清白蛋白极度缺乏，每年从国外进口量超过60%。武汉大学杨代常教授团队利用转基因水稻作为“生物反应器”，生产出了可供人类使用的人血清白蛋白。2017年5月，植物源重组人血清白蛋白注射液作为新药获得了国家食品药品审评中心批准，获得了进入临床研究的许可。

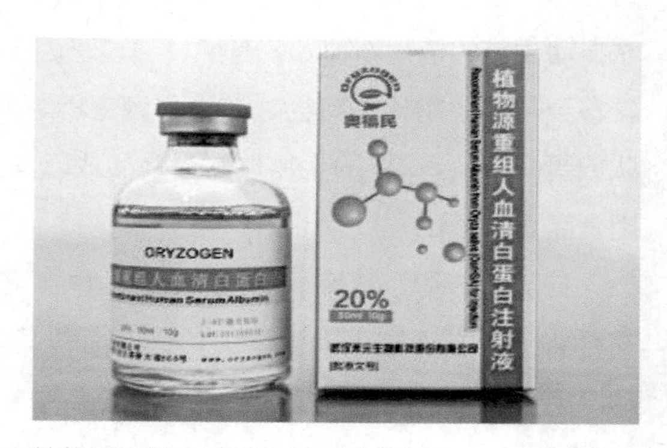

植物源重组人血清白蛋白注射液

转基因食品与非转基因食品有什么区别？

一般来说，非转基因是自然界就存在的，是自然选择出来的个体；转基因则是经过了人为改造，将某些外源基因转入到自然存在的个体，或敲除了其中的某些基因。从基因型来讲，转基因个体比非转基因个体多了或少了一些基因；从表现型来讲，转基因个体比非转基因个体多了一些人们想要的性状，如抗虫等。

没有使用基因工程手段、在自然条件下的物种或加工成的食品就是非转基因食品。转基因食品是通过遗传工程改变植物种子中的脱氧核糖核酸，然后把这些修改过的再复合基因转移到另一些植物种子内，由此获得了在自然界中无法自动生长的植物物种。就是说，通过基因工程手段将一种或几种外源性基因转移至某种生物体（动物、植物和微生物等），并使其表达出相应的产物（多肽或蛋白质），这样的生物体作为食品或以其为原料加工生产的食品称为转基因食品。

其实，转基因的基本原理也不难理解，它与常规杂交育种有相似之处。杂交是将整条基因链（染色体）转移，而转基因是选取最有用的一小段基因转移。因此，转基因比杂交具有更高的选择性。

为了提高农产品的营养价值，更快、更高效地生产食品，科学家们应用转基因的方法，改变生物的遗传信息，拼组新基因，使今后产出的农作物具有高营养、耐贮藏、抗病虫和抗除草剂的能力，可不断生产新的转基因食品。

客观认识转基因食品

2010年，农业部颁发了两种转基因抗虫水稻的生物安全证书，这是中国第一次颁发转基因主粮的生物安全证书。政府对转基因主粮的关注引起了专业人士和民间组织的激烈争议。这里作一下客观介绍：

转基因并没有违背自然规律。转基因是指将某种生物中含有遗传信息的DNA片段转入另一种生物中，经过基因重组，使这种遗传信息在另一种生物中得到表达。转基因可以自然发生，并非违反自然规律，而是人类掌握自然规律之后对其加以利用，为人类服务。科学技术没有好坏之分，关键在于人类如何使用它们。

所有食品都没有绝对的安全性。我们判断一种食品是否安全通常是根据经验判断，是一种不完全归纳法。过去没有发现危害，不代表在我们观察能力所及范围之外没有发生危害，也不代表将来不发生危害，因此不完全归纳法不能提供绝对的证明。转基因食品如此，非转基因食品也是如此。传统的非转基因食品也未必是绝对安全的。所以转基因的安全性，并不能因为某一个人的不良反应而将其否决，因为现实中绝对的安全根本就不存在，我们只能对比转基因食品与传统食品的相对安全性以及其收益是否超过风险。

监督力度前所未有。事实上，由于转基因食品出现时人类在评价食品安全性方面已经积累了相当丰富的经验，食品管理法规也比过去任何时候都要严格，所以转基因食品得到的研究和监督也是过去所有食品在进入人类食谱时都未得到过的，能够在这种监管机制下经过检验，进入食品市场的转基因食品有理由得到应有的信任。

合理质疑越多，商品化生产才越安全。基于证据和逻辑的理性反对意见，建立良好监督预防机制的极好借鉴，提出的合理质疑越多，能堵住的安全漏洞也越多，为转基因主粮商品化安全性作好保障。

转基因不全好，但也不全坏。证明一种转基因产品安全也不等于证明了所有转基因产品安全。转基因产品是许多产品的总称，有些产品对人类的好处大于风险，有些产品则风险大于收益。因此应该分别对待，不能一概而论，简单的二极思维是无法正确处理好转基因这么复杂的科学技术的。在全球面临粮食危机的时候，转基因食品为我们提供了一种值得一试的解决方法。对转基因食品的批准和监管，应该一个产品一个产品地严格落实，这对与其相关的各项技术提出了更高的要求。

如何理解转基因生物（食品）的安全性？

转基因是一种技术，它是中性的，安全与否取决于向作物中引入了何种基因。如果转入的是毒素基因，那它是不安全的；如果转入的是非毒素基因，那就是安全的。

目前世界上已商品化的转基因作物主要有两类：

是通过遗传修饰，使一种来自于苏云金芽孢杆菌的细菌*Bt*蛋白高效表达，把*Bt*蛋白基因移到棉花、水稻、玉米上，长出来的作物就能杀死鳞翅目害虫。而*Bt*蛋白可在人体肠道里被消化成为氨基酸。1999年康奈尔大学科学家约翰·鲁瑟里发表的论文指出，吃了*Bt*转基因玉米花粉的帝王斑蝶幼虫会死亡或生长缓慢。一些环保组织抓住这一点，对其歪曲夸大，造成了转基因玉米会灭绝帝王斑蝶的误导，甚至以同样的原理推测人类也会灭绝。不过后续研究发现，转基因玉米花粉中几乎不含有*Bt*蛋白，对帝王斑蝶的影响可以忽略不计。调查显示，随着转基因玉米种植面积的扩大，美国的帝王斑蝶并没有灭绝，其数量非但没有下降，还增加了。

是在大豆长起来以后喷除草剂的大豆，称作抗除草剂转基因大豆。这个基因通过修饰产生高效表达的EPSP合成酶。使作物对除草剂产生抗性的蛋白质本来在豆里就有，它能把除草剂分解，保证大豆不死掉，所以对大豆是安全的。

自20世纪80年代第一株转基因植物诞生起，转基因植物已有30多年历史。转基因作物已在全世界很多国家种植，其危害记录为零。根据美国农业部数据，2013年53.2%的大田种植作物是转基因作物。根据美国食品饮料和消费品制造商协会（GMA）数据显示，全美（加工）食品中70%~80%都含有转基因成分。现在我们每天吃的豆油，基本来自美国、阿根廷、巴西进口的转基因大豆。

中国应该如何理性对待转基因？

针对目前转基因安全问题在中国引起的巨大争议，波士顿儿童医院与哈佛大学医学院遗传学系博士后陆发隆博士和美国霍华德·休斯医学研究所研究员、波士顿儿童医院资深研究员、哈佛大学医学院遗传学系Fred Rosen讲席教授张毅教授于2014年专门撰写了一篇阐述对转基因食品看法的文章。作者首先表示，他们作为遗传医学研究者，都与转基因相关产业没有任何利益关系。

原文如下：

曾有新闻报道，深圳市疾控中心调查发现，近年深圳90%以上的番木瓜都是转基因的。相关新闻的调查“如果你知道番木瓜为转基因番木瓜，你会食用吗？”结果显示，有超过93%的网友表示不会食用。这么高的比例让调查者感到很惊讶。

转基因番木瓜的出现是出于抗病毒的需求，是转基因技术的一个成功典范。番木瓜环斑病毒可以导致番木瓜环斑病，从而导致番木瓜大规模减产以及植株死亡，并在番木瓜主产区造成严重经济损失。在转基因番木瓜之前，人们尝试过多种传统育种以及病虫害控制手段，但是没有找到有效的控制手段，直到20多年前转基因技术解决了这个难题。转基因番木瓜是将编码番木瓜环斑病毒外壳蛋白的一段DNA序列转入了番木瓜中。该转基因的表达可以通过转录后基因沉默，抑制病毒的同源基因，从而起到抗病毒的作用。

从科学角度看，该转基因只发生在番木瓜细胞内，并只针对番木瓜环斑病毒外壳蛋白，不会对番木瓜的食用安全有任何影响。

转基因食品在中国引起巨大争论。在这件事上，作为科学工作者，我们在原则上支持转基因研究。具体到每一个转基因产品，专家认为应该严格评估其食用安全以及生态安全。转基因技术与传统育种技术一样，是以更多、更好的农产品为目标，并且转基因技术路径是可检验的，严格的监管可以做到保证这些产品安全可靠。

民众对转基因的恐慌更多的是由于毒奶粉、瘦肉精等重大食品安全问题导致的公信力缺失。在中文网的争论中，我们可以看到饶毅等生命科学工作者、农业科学院等科研机构以及农业部等政府机构发出了理性的声音。然而监管机构、科研教育机构以及媒体对转基因技术进一步的科普仍然任重道远。监管机构无差别的食品安全评价，以及严格监管才是食品安全真正的保障。大家更多地讨论如何建立健全相应的食品安全标准，并有效执行才会真正推动农业的进步。

国际组织和各国转基因生物管理规范

如同许多新兴技术一样，转基因技术滥用与误用的预防、转基因技术发展过程中的潜在风险问题，特别是生物物种间基因转移是否具有风险的问题也引发各方面的高度关注。国际食品法典委员会、经济合作与发展组织、联合国粮农组织、世界卫生组织等国际组织都制定了转基因生物安全风险评价指南。基于对转基因可能存在的潜在风险的清醒认识，各国普遍重视风险评估并遵循全球公认的评价指南，建立了全面、系统的转基因安全评价方法和程序及相关法规制度，确保转基因生物安全。但由于各国在农业、环境与生物多样性以及经济、贸易和文化等方面存在的差异，各国根据本国利益需求和国情制定的转基因安全管理制度及法规不尽相同。例如，美国主要遵循“可靠科学原则”，实行以产品为基础的管理模式，即强调产品本身是否确有实质性的安全问题，而不在于是否采用了转基因技术，只有可靠的科学证据证明其存在风险并可能导致人类损害时，政府才采取管制措施。风险分析应用产品“实质等同性原则”，不单独立法，而是实施多部门按既有职能分工协作的管理体系。而欧盟则主要采用“预防性原则”，强调过程安全评价管理，即关注研发过程中是否采用了转基因技术。凡是转基因就认为可能存在风险，需要通过专门的法规加以管理和限制。因此在风险分析中采用“预防性原则”，并单独立法，实施专门统一管理的管理体系。

我国农业转基因生物管理规范

转基因生物技术的风险分析主要关注三点：第一是风险评估，第二是风险交流，还有一个是风险管理。特别要强调的是，“风险”并非现实的、已经存在的危害或危险，而是指某一特定环境下，某一特定时间段内，某种事故或损失发生的可能性。我国已建成与国际接轨的评价与管理法规体系，参照了经济合作与发展组织、国际食品法典委员会等国际组织指南的相关要求，在管理模式上综合借鉴了欧盟和美国的做法：既针对技术又针对产品，力求在严格管理、确保转基因生物安全与积极鼓励研究、稳步推进应用之间达成平衡；在制度设计上则强调符合国际惯例、适用我国国情、维护国家利益。现已基本建成规范的转基因生物安全法律法规、技术规程和管理体系。多年来坚持科学评估、依法管理，积累了大量经验，这为转基因生物育种发展和转基因生物安全提供了切实保障。

建立、健全了一整套适合我国国情并与国际接轨的法律法规、技术规程和管理体系，涵盖转基因研究、试验、生产、加工、经营、进口许可审批和产品强制标识等各环节。2001年，国务院颁布了《农业转基因生物安全管理条例》，农业部制定并实施了《农业转基因生物安全评价管理办法》《农业转基因生物进口安全管理办法》《农业转基因生物标识管理办法》《农业转基因生物加工审批办法》等4个配套规章，国家质检总局施行了《进出境转基因产品检验检疫管理办法》。2016年农业部发布了《农业部关于修改〈农业转基因生物安全评价管理办法〉的决定》，2017年10月国务院颁布了新修订《农业转基因生物安全管理条例》。

加强技术支撑体系建设。遴选出相关领域技术业务扎实、学术水平较高的专家，组建国家农业转基因生物安全委员会（简称“安委会”），负责转基因生物安全评价和开展转基因安全咨询工作。目前，正在履行职能的第五届安委会委员共有75名，来自国务院各有关部门推荐的相关领域，包括农业、医药、卫生、食品、环境、检测检验等，具有广泛的专业代表性和政府权威性；组建了由41位专家组成的全国农业转基因生物安全管理标准化技术委员会，已发布132项转基因生物安全标准；认定了40个国家级第三方监督检验测试机构。

三是

建立了转基因生物安全监管体系，国务院建立了由农业、科技、环保、卫生、食药、检验检疫等12个部门组成的农业转基因生物安全管理部际联席会议制度。农业部设立了农业转基因生物安全管理办公室，负责全国农业转基因生物安全的日常协调管理工作。县级以上地方各级人民政府农业行政主管部门负责本行政区域内的农业转基因生物安全的监督管理工作。

四是

加强了转基因标识的管理，发布了《农业转基因生物标签的标识》国家标准，依法对转基因大豆、玉米、油菜、棉花、番茄等5类作物17种产品实行按目录强制标识。

我国的安全评价体系有严格的程序。根据《农业转基因生物安全管理条例》及配套规章规定，我国对农业转基因生物实行分级分阶段安全评价管理制度。转基因生物安全评价按照风险高低分成4个等级，按5个阶段进行，即实验研究、中间试验、环境释放、生产性试验和申请安全证书5个阶段，在任何一个阶段发现任何一个对健康和环境不安全的问题，都将立即终止。各地高校和科研单位的转基因实验，安全评价程序都非常严格。实验室和试验区的围墙搭得很高（防止昆虫进入），要求实验室和试验区都处于隔离状态，试验的材料要严格按照生物风险控制规范，也就是说不能将材料流到外面，需要焚烧处理。转基因实验区与普通的实验区都应是隔离的。严格把控转基因食品安全体系，是因为目前转基因属于新事物，也许存在一定的风险。而对于有潜在风险的转基因技术和产业，就需要进行严格的控制。

我国对转基因生物管理是很严格的。利用基因工程技术可改变基因组构成，用于农业生产或者农产品加工的动物、植物、微生物检测产品都在管理范围内。转基因作物管理流程也非常严格，在实验室评估许可的基础上，要通过安全评价得到安全证书，经过品种审定得到品种证书，通过种子生产许可得到种子生产证书，通过种子经营许可得到种子经营证书，通过生产加工许可得到

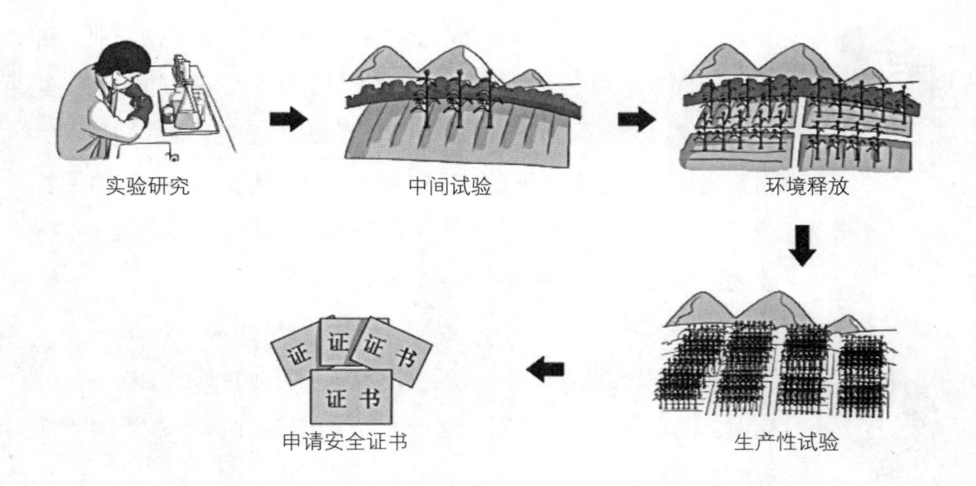

我国转基因生物安全评价的5个阶段

生产加工证书。其中，安全评价主要是三个方面：分子特征、食品安全、环境安全，其中重要的是食品安全评价。以水稻为例，包括营养学、毒理学、致敏性等方面的评价。对环境安全评价，要考虑基因漂移、杂草化、对非靶标生物的影响、对生态系统的影响、靶标生物的抗性等。据吴孔明院士介绍，国际上的评价一种是强调结果评估的美国模式；一种是强调过程评估的欧盟模式。其实我国的转基因标准是参照国际通用的标准，要求和严格程度与发达国家的评价标准没有区别，就像新药在上市之前需要经过大量安全评价、毒理学实验，最后才允许进入临床试验一样，转基因亦是如此。事实上，我国转基因食品安全评价要求的严格程度已经超过了任何普通食物。中国既对转基因产品、又对转基因过程进行评估。除了国际通行的标准以外，我国还增加了大鼠三代繁殖试验和水稻重金属含量分析等指标，“从这个角度来说，中国转基因产品安全评价，不管是从技术标准上还是程序上，都是世界上最严格的体系。”

以我国转基因抗虫水稻安全评价为例，自研发单位1999年申报转基因抗虫水稻“华恢1号”和“*Bt*汕优63”安全评价以来，对食用安全和环境安全进行了系统全面的评价，评价过程长达11年之久，而且我国对转基因水稻食用安全检测的一些指标严于国际标准，增加了大鼠三代繁殖试验和水稻重金属含量分析等指标。实践表明，我国转基因安全管理的评价指标科学全面严格，评价程序客观、规范、严谨。

中国的安全证书发放比较有限。截至目前，共批准发放了7种作物安全证书，包括耐储存番茄、抗虫棉花、改变花色矮牵牛、抗病辣椒、抗病番木瓜、抗虫水稻、植酸酶玉米。进口的转基因食品同样要经过进口申报程序。

美国非转基因标识

美国也有反对转基因的人。有一个组织名为“非转基因项目”，他们经过努力也得到了农业部的认证，所以凡是不用转基因原材料做出来的东西，都可以到这个机构申请认证。但个案申请的要求非常严格。例如，原材料的储存地不能和其他转基因原材料混在一起；生产设备和传送带等都不能生产过转基因食品。这样就可以让那些不想吃转基因的人有其他选择。非转基因标识是一个带蝴蝶的标记。

美国非转基因标识

大部分美国人对转基因食品是持无所谓的态度，一部分反对的人可以去购买有认证的非转基因食品。目前就算是有机的加工食品也不能保证所有的原材料都是非转基因的，如有机食品里的添加剂淀粉是玉米里提取的，而乳化剂磷脂酰胆碱是大豆里提取的，但不知道到底是从转基因还是非转基因的玉米大豆里提取的；用的蛋白粉的原料也不知道是不是非转基因大豆。所以只有标着100%有机的加工食品才是没有转基因的。如果仅仅标注“organic”（有机），没有标注“100% organic”，只代表95%的原材料是有机的，不能保证另外5%原材料是不是转基因物质。所以就是以卖有机产品为主的商店，也不敢说所有的产品都是非转基因的，因为也会有转基因的产品混在里面。

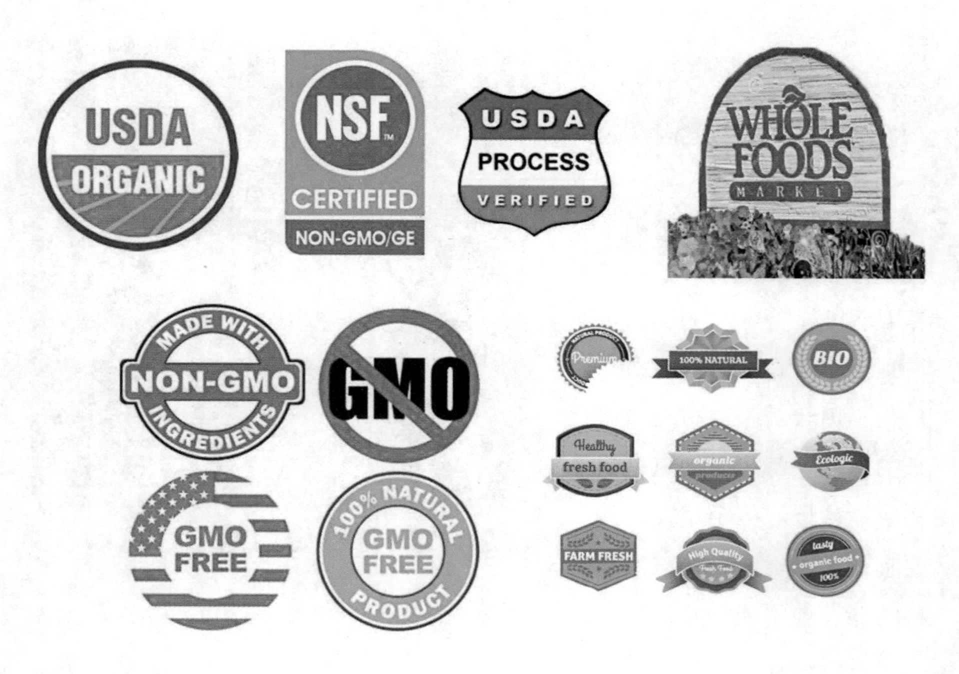

各种标识

我国转基因生物和转基因食品标识管理

我国2009年出台的《食品标识管理规定》第16条规定，属于转基因食品或者含法定转基因原料的，应当标明；2001年出台的《农业转基因生物安全管理条例》规定，农业转基因生物标识应当载明产品中含有转基因成分的主要原料名称；2015年10月1日正式实施的《食品安全法》第69条也规定，生产经营转基因食品应当按照规定显著标识。

据悉，不同于其他国家均采取定量标识，给转基因成分设定一个阈值，中国对转基因采取的是强制定性标识，可以说是最严格的。

“转基因标识并不是说它不安全，而是给老百姓知情权和选择权。”据农业部科教司处长何艺兵介绍，农业部正在研究转基因标识制度是否需要修改的问题。

为防止误导消费者，为转基因产品与非转基因产品营造公平的竞争环境，引导公众科学理性地认识转基因，2015年农业部科技教育司发布了《关于指导做好涉转基因广告管理工作的通知》[农科（执法）函〔2015〕第18号]，要求各省农业行政主管部门要与当地工商、食药等部门积极协调配合，依法加强对涉及转基因广告的监督管理工作。对我国未批准进口用作加工原料、未批准在国内进行商业化种植，市场上并不存在该转基因作物及其加工品的，禁止使用非转基因广告词；对我国已批准进口用作加工原料或在国内已经商业化种植，市场上确实存在该种转基因作物和非转基因作物及其加工品的，可以标明非转基因，但禁止使用“更健康”“更安全”等误导性广告词。

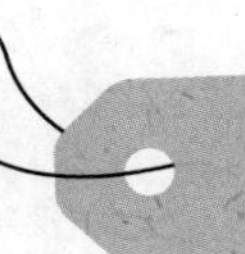

如何看转基因食品标识?

关于转基因食品标识管理，2015年8月24日农业部发布《关于政协十二届全国委员会第三次会议第4506（农业水利类388号）提案答复的函》表示，目前国际上对于转基因标识管理主要分为4类：一是自愿标识，如美国、加拿大、阿根廷等；二是定量全面强制标识，即对所有产品只要其转基因成分含量超过阈值就必须标识，如欧盟规定转基因成分超过0.9%、巴西规定转基因成分超过1%就必须标识；三是定量部分强制性标识，即对特定类别产品只要其转基因成分含量超过阈值就必须标识，如日本规定对豆腐、玉米小食品、纳豆等24种由大豆或玉米制成的食品进行转基因标识，设定阈值为5%；四是定性按目录强制标识，即凡是列入目录的产品，只要含有转基因成分或者是由转基因作物加工而成的，必须标识。目前，我国是唯一采用定性按目录强制标识方法的国家，也是对转基因产品标识最多的国家。2002年，农业部发布了《农业转基因生物标识管理办法》，制定了首批标识目录，包括大豆、油菜、玉米、棉花、番茄5类17种转基因产品。新修订的《食品安全法》规定生产经营转基因食品应当按照规定做显著标识，并赋予了食品药品监管部门对转基因食品标识违法违规行为的行政处罚职能。

下一步，我国食品药品监管部门将做好以下工作：一是依法对生产经营转基因食品未按规定标识进行处罚；二是加强对进入批发、零售市场及生产加工企业的食用农产品和食品（包括含有转基因成分的食用农产品和食品）安全的监督管理，禁止生产经营不符合食品安全国家标准的食品和食用农产品。农业部门将与食品药品监管部门加强合作，强化转基因标识监管，构建对转基因生物和食品标识监管的有效衔接机制。

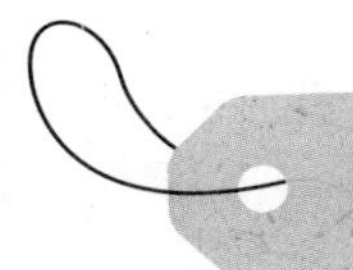

欧盟、日本、美国等国家和地区对转基因食品的态度和相关要求

由于目前尚未得到科学界公认的证据证明已上市的转基因食品会危及人体健康，也没有足够的科学依据确保未来不会发现转基因食品的不良后果，各国只能基于自己的文化传统、科技水平和法律制度，为转基因食品制定法律管制框架。

美国民众多数支持使用转基因技术，例如有54%的人认为使用转基因技术生产的作物有治疗作用，52%的人认为使用转基因技术能够生产出廉价的食物，这样可以减轻世界范围内的饥荒。

美国是世界上转基因作物研制最早的国家，也是现阶段转基因作物种植面积最大的国家。这两方面的优势让美国政府对转基因作物的认识有一种先入为主的思想，认为转基因作物与非转基因作物之间并无差异。同时，美国还强烈反对欧盟等国家和地区采取严格限制转基因食品进口的法律管制措施，认为这些措施违反了世界贸易组织（WTO）规则的“非贸易壁垒”原则。

欧盟对转基因作物的态度与美国相比截然不同。疯牛病的流行以及可口可乐遭二噁英污染的事件大大动摇了欧盟消费者对待新兴生物产品的信心，在对待转基因作物时大多采取了谨慎预防的态度。欧盟对转基因产品的严格规制对保护欧盟的农产品市场起到了积极作用，也为欧盟发展转基因技术赢得了时间和空间。但需强调的是，欧盟虽然大力抵制转基因产品，但对转基因技术的研究从未停止并一直在加强。近20多年来，欧盟国家农业转基因研究单位从无到有，已发展至480家。欧盟的贸易保护政策可能只是暂时的，因为近几年欧洲人意识到，食物不会永远过剩和便宜，转基因作物的安全性经受住了时间的考验。一旦转基因技术成熟、商业化进程加快，就有可能积极倡导转基因产品贸易自由化，赚取巨额利润。继1998年欧盟批准种植第一批转基因玉米后，经过漫长的12年，2010年3月欧盟委员会批准了欧盟国家种植马铃薯AV43-6G7品种的环境释放申请，并且严格规定了种植条件。巴斯夫公司（BASF）

计划在捷克共和国土地上进行环境释放试验（2011—2016年）。这是自1998年以来，继转基因玉米之后，欧盟批准的第二种转基因作物，也是欧盟第一次开放转基因作物种植政策。此外，过去经核准的MON863玉米也获得了进口至欧洲的许可证，并可在欧洲加工制成饲料。

日本是亚洲对转基因产品审批立法较早的国家，在审批程序上与欧盟相近，也采取基于生产过程的管理模式。但日本对转基因产品的控制并不像欧盟那样严格，原因在于日本有60%左右的农产品来自进口，而且是来自于不需要表明产品是否为转基因作物的美国。如果严格地控制，将使日本的进口农产品数量下降，国内的农产品缺乏现状将得不到较好的缓解。因此，日本一直在对待转基因作物及其产品上奉行“不鼓励，不抵制，适当发展”的原则。1999年之前，日本的转基因产品是不需要加贴标签的。但是由于消费者强烈要求加强管理，1999年11月农林水产省（MAFF）公布了对以进口大豆和玉米为主要原料的24种产品加标签的规范标准，并要求对转基因生物和非转基因生物原料实施分别运输的管理系统，以确保将基因品种的混入率控制在5%以下。日本高效的转基因作物及产品审批制度，以及严格的标签管理体制，不仅在民众安全、进出口管理及环境保护方面起到了良好的作用，还有效地解决了日本的粮食安全问题，日本适当发展转基因技术的原则是值得我国借鉴的。

农业部部长韩长赋：转基因是科学和法制问题

2018年3月7日上午，国家农业部举行以“实施乡村振兴战略，推动农业转型升级”为主题的记者会。会上，时任农业部部长韩长赋，新闻发言人、办公厅主任潘显政回答了转基因产业化等问题。

有记者问到，按照"十三五"规划，中国将推进转基因玉米、大豆的产业化，目前农业部在批准新的转基因安全证书上是否有进展。另外，对于转基因进口安全证书的发放是不是越来越严？

潘显政回答：是否准备新的安全证书，实质上就是转基因的商业化推广问题，概括起来有三点。

第一 农业部对转基因的管理是明确的、一贯的，即严格按法律法规开展安全评价和管理，通过安全评价后才能获得证书。

第二 转基因商业化按照"非食用—间接食用—食用"的路线图来进行，首先是发展非食用的经济作物，比如棉花，其次是饲料作物和加工原料作物，再次是一般食用作物，最后是口粮作物。

第三 充分考虑产业需求，重点要解决制约我国农业发展的抗病抗虫、节水抗旱、高产优质等方面的瓶颈问题。

转基因玉米的商业化也是按照以上三点来执行的。目前，只批准了棉花、番木瓜的商品化，没有批准转基因粮食作物商业化种植。涉及安全证书发放问题，对于贸易商的进口安全证书的审批和发放政策，没有调整，依据法规科学审批，审批标准、程序、时间都没有变。至于有些公司没有获得审批，是由于相关审批材料没有通过专家评审，符合要求的申请都是正常发放安全证书的。

关于转基因问题，韩长赋部长补充道：转基因问题说到底是个科学问题、法制问题，安全不安全，应该由科学来评价，能不能种，由法规处理，食用不食用，由消费者来选择。

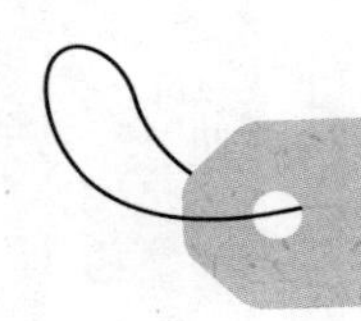

农业部详解我国转基因安全评价机制，明确回应其安全性

转基因的安全性几乎成了“说几遍都不嫌多”的话题。但无论主观是否愿意，完全绕开转基因食品正成为越来越难的事情。

2016年3月27日，农业部农业转基因生物安全管理办公室相关负责人再度正面回应转基因安全性问题。农业部农业转基因生物安全管理办公室副处长张宪法首先澄清，并不是所有含有转基因成分的食品都叫“转基因食品”。

张宪法表示，转基因食品不是无限的。以玉米为例，玉米生产出来之后，玉米粒、玉米籽、玉米面、玉米粉等都叫转基因食品，但是再往下走，用玉米喂的猪是不是叫转基因猪，这就不是了。转基因大豆生产的油叫转基因大豆油，但是用转基因大豆油炸的油条就不是转基因油条，所以转基因食品的概念是有界限的。

在中国如此，在美国更是这样。据国家农业转基因生物安全委员会委员、中国农业大学食品与营养学院教授罗云波介绍，美国现在含有转基因成分的食品已经超过七成，农业部转基因生物食用安全监督检验测试中心对美国超市购买的部分食品的检测结果显示，都含有转基因成分。美国市场上，在普通超市里面转基因食品非常多，只是不作标识，因为这是自愿标识。在国内不吃转基因产品的人，在美国很难找到非转基因的食品。

作为农业转基因技术和产品的监管者，张宪法显然不认可“不安全”的说法。他认为，世界主要国家、世界主要国际组织都在采取手段建立管理框架对转基因技术进行监管。所以，对转基因不能笼统地说它好还是不好，安全还是不安全。国际组织对此也有一些共识，即通过批准允许上市的是安全的。转基因食品安全性有几个定论，现在我们对转基因食品安全评价采用个案分析方法，按照一个原则进行评价，现在应用了20年，没有发现科学证实的安全性问题。

科学家们离技术最近，谣言同样声声入耳。中科院院士、北京大学原校长许智宏表示，如果没有转基因农作物，没有转基因番木瓜，我们今天可能已经吃不到番木瓜了。番木瓜转了一个基因，就像给人打预防针一样，不过是使这个植物能抵抗病虫害。

孟山都公司中国总裁高勇举的例子是另一个广为流传的谣言帖——《阿根廷欲哭无泪，全球第一个毁于转基因的国家》。高勇说："微信上经常传的一个谣言帖子，叫《阿根廷欲哭无泪，全球第一个毁于转基因的国家》。与反转基因人士宣传的恰恰相反，转基因技术让阿根廷人赚了大钱，阿根廷人笑得很开心，没哭。这些年来，由于生产力的提高，阿根廷将它的大豆、玉米、豆粕、大豆油以及由大豆、玉米生产出来的牛肉向全世界各地销售，包括中国，换回来的是大把的美元和人民币。"

张宪法和他的同事们做的事，就是在风口浪尖上不多不少地执行法律法规。国际上进行转基因食品的安全性评估多采用三个原则，即实质等同原则、个案分析原则和逐步完善原则。我国的转基因安全评估较此更为严格。

张宪法表示，转基因安全管理制度，美国是看产品，欧盟是看过程，我们国家是看整个过程，不仅仅检测产品，只要采取转基因技术，整个过程都要监管。我们国家综合了两大经济体的管理模式，既看产品也看过程。我们有专门的法规，采取的是个案分析。这一个是安全的，不代表另外一个是安全的，所以每个个案都要经过安全评价。（资料来源：新华网，2016年3月27日）

为何杜邦CRISPR玉米得到监管豁免？

2016年4月，农化巨头杜邦公司宣布了其第一个使用精准基因修饰技术CRISPR-Cas9得到的作物产品的上市计划。杜邦先锋公司是全球第四大农化产品公司，它雄心勃勃地想最早于2021年让农民种上这种杂交玉米。

在一份公开声明中，杜邦研发副总裁尼尔·加德森说："我们对玉米生物学有着90年的知识积累，现在我们正在将它用于研发新一代高质量的糯玉米杂交种，以使整个产品价值链上从种植者到加工者以及终端消费者都能获益。"

美国每年约种植20万公顷糯玉米，但其产量小于其他杂交玉米。糯玉米富含支链淀粉，可用于加工食品、黏合剂和高光泽纸。

美国农业部（USDA）表示不会用对待传统转基因作物的监管方法来约束CRSPR玉米。在给杜邦先锋公司关于新玉米产品"适用监管法规询问信"的回复函中，美国农业部表示，它不认为CRISPR玉米属于"应当受美国农业部生物技术法规服务局监管的范畴"。就这封回复函之前，美国农业部在一封公开函中声明，它不会对利用同一种CRISPR技术得到的基因组编辑蘑菇进行监管。这个案例中，对遗传物质进行的微小改动能够让蘑菇抗褐变。

与杜邦先锋公司的新玉米品种一样，美国农业部对待基因组编辑蘑菇的态度与之前对待"传统转基因生物"的态度显著不同，传统的转基因技术必须接受美国农业部动植物卫生检验局（APHIS）的监管。动植物卫生检验局会密切留意新的遗传修饰生物是否"可能对植物健康带来风险"。

不过，宾夕法尼亚大学的研发团队并没有将基因组编辑蘑菇推向市场的计划，而杜邦先锋公司的基因组编辑玉米产品的目标是在数年时间内将玉米摆上各家食品杂货店的货架。

> 加德森说："通过CRISPR-Cas技术开发的新一代高产糯玉米是我们将这一新技术平台应用于服务消费者的高效率的代表性产品"。

更为重要的是，CRISPR比科学家们之前所使用的基因组编辑方法都要精准。美国农业部做出不将此类新型作物纳入其监管范围的决定，实质上反映的是这样一个事实：利用CRISPR技术编辑的作物并不含有任何"新引入的遗传物质"或外源DNA，因此不会对其他植物产生威胁。

为何转基因食品不做人体试验?

人们可能会"理所当然"地设想，既然许多人对转基因食品安全性存在疑问，为何不像药物那样做临床试验？评价转基因食品的安全性及安全评价是经过现代科学无数次试错验证后逐渐成熟的方案，而在目前的成熟方案中，从来没有考虑过人体试验。

人体试验没有科学依据

人类食用植物源和动物源的食品已有上万年历史，这些天然食品含有各种基因，从科学角度来看，转基因食品与之前食品所含有的各种基因不存在差异，都一样被人体消化、吸收、代谢、排泄，因此食用转基因食品不可能改变人的遗传特性。

转基因食品与非转基因食品的区别是所转目标基因表达的蛋白质，只要其表达的蛋白质不是致敏物和毒素，它就和食物中的蛋白质没有本质的差别，都可以被人体消化、吸收利用，因此不会在人身体里累积，不会因为长期食用而出现问题。转基因食品与重金属污染不同，后者不能被人体代谢掉，其在身体内的累积会导致重病。目前只有过敏问题是转基因食品可能存在的食用安全问题，而普通食品同样存在过敏问题，转基因食品具有更严格的安全性检验，迄今上市的转基因食品还没有一例发生过这类问题。从这一点更可以看出，转基因食品的安全性是有保障的，且远远高于普通食品。许多人总认为普通食品已经吃了千百万年，因此确定了其安全性，其实这是错误的观点，因为一般性的人类实践并不能代替严格的科学实验，许多过去认为是安全的食品，如今通过科学研究却发现它们并不安全，比如蕨菜和蕨根粉可致癌、槟榔可致癌等。

不做人体试验有事实依据

转基因食品的目的蛋白如杀虫蛋白*Bt*在自然界中广泛存在，其被当作生物农药已经安全应用70多年，期间不仅农民接触它，大量消费者也或多或少地吃过这种*Bt*蛋白（因为有生物农药残留）。从1989年瑞士政府批准的第一个转牛凝乳酶基因的转基因微生物生产的乳酪，到现在已经有29年的历史；从1994年转基因番茄在美国被批准上市，到目前为止已有24年的历史；从1996年转基因大豆、玉米和油菜的大规模生产应用，迄今也有22年的历史了，这些产品经过大规模长期食用，迄今没有一例安全性事故出现。如果不作恶意解读的话，上述历史也可看作人体试验的过程。

食品安全评价已经很成熟

食品安全评价目前有成熟的程序和方法，这些程序和方法是建立在科学、个案分析的基础上的，转基因食品的安全评价更是如此。食品并非针对某种病症进行治疗的药品，两者的评价原则和目标截然不同。食品需要解决饥饿而非恶疾，没有对应的病症；食品追求的是美味、健康、有营养，而药品追求的是见效快、副作用小。要确定药物的有效性和安全性，开展临床试验是重要步骤，而转基因食品只需证明与传统食品实质等同（主要成分没有差异）即可。按照中国的转基因安全评价规定，通过体外实验、动物实验等现代评价方法已经可以证明其安全性，就不需要再开展人体试验了，这也是国际上开展安全评价的共识。

人体试验违背伦理

采用动物实验进行转基因食品安全评价，可以保证实验个体和实验条件一致，实验结论科学可靠，这在人体试验中难以实现。小白鼠实验可以严格控制在封闭环境内，排除遗传、健康、饲养条件等多种干扰因素，人体试验却无法依此操作；动物实验可以按需要进行组织器官的切割收集，以便对转基因食品在其体内的代谢途径、作用靶器官、作用机制和剂量反应进行系统深入研究，动物还可以按照需求进行不同的毒理学实验，这些都难以在人体内进行。

如做人体试验，需要被测试者只吃某种特定的转基因食品而不进食其他食品，否则难以得出可靠的结论；但现实中没有人会长期只吃一种特定食品，这对受试者而言将是生命的煎熬、健康的摧残。而药物临床试验则不存在这个问题。

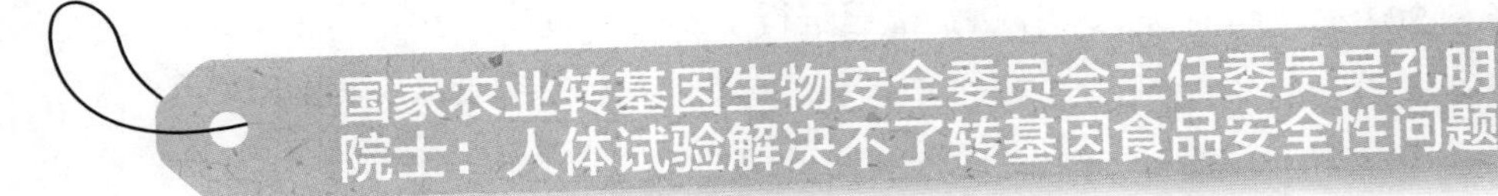

中国农科院副院长、中国工程院院士、国家农业转基因生物安全委员会主任委员吴孔明2014年10月16日接受人民网记者采访时回应公众“转基因食品安全评价为什么不做人体试验”的质疑。他认为，根据世界公认的伦理原则，科学家不应该也不可能用一个食品让人连续吃上十年二十年来做实验，甚至延续到他的后代。

吴孔明认为，人体试验无法说明转基因食品安全性问题，人类的真实生活丰富多彩，食物是多种多样的，如果用人吃转基因食品来评价其安全性，不可能像动物实验那样严格管理和控制，很难排除其他食物成分导致的干扰作用。（资料来源：人民网，2014年10月16日）

吴孔明强调：“现有毒理学数据和生物信息学数据足以证明转基因是否存在安全性问题。”此前有“中国杂交水稻之父”之称的袁隆平院士曾表示，他本人愿意食用转基因食品，参与安全性试验。

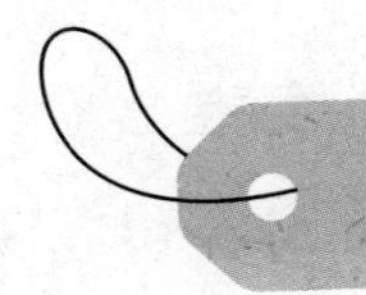

国家农业转基因生物安全委员会副主任委员杨晓光：转基因食品安全性已有定论

不会变褐色的苹果、不容易霉变的玉米、耐储存的番茄……转基因食品的安全问题一直是人们争论的话题。很多人认为，转基因食品是否安全还没有定论。不过，在2015年8月由杭州市科协主办，杭州市科技工作者中心、杭州市拱墅区科协承办的第96讲“科学大讲堂”上，国家农业转基因生物安全委员会副主任委员、中国疾病预防控制中心营养与食品安全所研究员杨晓光在报告中指出，其实科学家对此已有定论，没有科学证据表明已批准上市的转基因食品对人体有害。

到2012年为止，全球转基因产品已进行生产的有24种，至2012年全球有81%的大豆、81%的棉花、35%的玉米和30%油菜是转基因食品。美国FDA于2013年批准转基因鲑鱼预销售，这是第一个被批准上市的转基因动物产品。到2013年，全球种植了转基因作物的国家排在前六位的分别是美国、巴西、阿根廷、印度、加拿大和中国。美国超市中70%的包装食品含有转基因的成分。

即便是反对转基因食品最强烈的欧盟，实际上最早应用了转基因微生物。目前在卤制品、乳酪的生产过程中，90%以上应用的菌种都是转基因的微生物。还有生产啤酒、酸奶、面包等这些所用的微生物以及酶制剂，大部分来自于转基因的品种。而这，常常被大家忽略。其实传统的育种过程也都发生了基因的转移，只是比较盲目，而当前的转基因技术，即分子育种技术比传统育种更精准，不但减少了选育的盲目性，还缩短了育种年限。

杨晓光强调，转基因食品已经研究了20多年，在美国等国家，也已经食用了20多年。已经上市的转基因食品都经过了严格的安全性试验。到目前为止，转基因食品没有发生一起经过证实的食品安全问题。国际组织和权威机构都认为已经批准上市的转基因食品与传统的食品一样安全。至今为止，没有发现转基因食品对人体造成任何急性、亚急性和慢性的损害。

农业部答复全国政协提案：批准上市的转基因食品是安全的

2015年8月24日，我国农业部答复政协提案：国际上关于转基因食品的安全性是有权威结论的，即通过安全评价、获得安全证书的转基因生物及其产品都是安全的。国际食品法典委员会（CAC）制定的一系列转基因食品安全评价指南，是全球公认的食品安全评价准则和世界贸易组织（WHO）国际食品贸易争端的仲裁依据。各国安全评价的模式和程序虽然不尽相同，但总的评价原则和技术方法都是参照CAC的标准制定的。农业部表示，国际组织、发达国家和我国开展了大量转基因生物安全方面的科学研究，认为批准上市的转基因食品与传统食品同样安全。世界卫生组织认为，“目前尚未显示转基因食品批准国的广大民众食用转基因食品后对人体健康产生了任何影响”。经济合作与发展组织（OECD）、世界卫生组织（WHO）、联合国粮农组织FAO召开的专家研讨会得出了“目前上市的所有转基因食品都是安全的”结论。欧盟委员会历时25年，组织了500多个独立科学团体参与的130多个科研项目，得出的结论是“生物技术，特别是转基因技术，并不比传统育种技术危险”。我国转基因生物安全管理法规遵循国际通行指南，并注重我国国情，能够保障人体健康和动植物、微生物安全以及生态环境安全。（资料来源：人民政协网，2015年8月28日；农业部《关于政协十二届全国委员会第三次会议第4506（农业水利类388号）提案答复的函》）

通过安全评价并获得安全证书的转基因食品是安全的

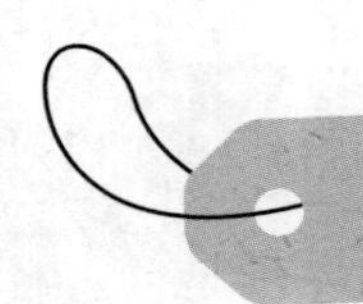

农业部副部长张桃林：转基因技术安全性是可控的、有保证的

2017年3月7日，十二届全国人大五次会议新闻中心举行记者会，农业部部长韩长赋、副部长张桃林就“转基因的安全性、监管及转基因推进路线”的相关问题回答了央视记者的提问。

中央人民广播电台记者问：“我们知道，农业农村领域的转基因问题是老百姓关注度很高的问题之一。请问韩部长，最近我们也看到，近几年来农业部门在加强转基因监管和大力打击违法违规行为方面出台了很多举措，当前农业部门对转基因技术的态度有没有变化？另外，我国发展转基因有没有具体的路线图？”

韩长赋答：“转基因问题在这个场合已经回答过几次了，你提的问题，我今天请张桃林副部长回答，他本人也是农业科学专家。”

张桃林：“谢谢你的提问。转基因问题专业性强、涉及面广、关注度高。我想从两个方面回答你的提问。”

首先，关于转基因技术及其安全性。转基因技术是现代生物科技前沿技术。在农业的节本增效、资源高效利用、抗虫抗旱、减少农药的施用量、推进绿色发展等方面有独特的作用和巨大的潜力。转基因技术的安全性是可控的，是可以有保证的。国际食品法典委员会（CAC）、联合国粮农组织（FAO）与世界卫生组织（WHO）等就转基因技术的评价及安全性方面，制定了一系列国际公认和遵循的评价标准与准则，以保证经过安全评价以及批准的转基因产品除了增加我们期望的特定功能外，比如抗虫抗旱功能，并不增加任何其他的风险。事实上，世界卫生组织、欧盟委员会、国际科学理事会等众多国际权威机构对转基因安全性进行了长期跟踪、评估、监测，结果都表明，经过安全评价获得政府批准的转基因产品与非转基因产品是一样安全的。大家可能注意到，2016年以来，已经有120多位获得诺贝尔奖的科学家联名签署公开信，呼

吁尊重有关转基因安全性方面的科学结论。事实上，自1996年转基因批准商业化种植以来发展迅猛，全球转基因的种植面积约300亿亩，种植的国家有28个，另外还有37个国家和地区进口使用转基因产品，没有发现一例被证实的安全性问题。

第二，关于我国转基因的发展战略和监管情况。我们国家对转基因的方针是一贯的、明确的，就是研究上要大胆，坚持自主创新；推广应用上要慎重，确保安全；管理上要严格，就是要严格依法监管。

应该说，我们国家在转基因的安全性管理上依法严格规范。

首先 我们国家转基因安全评价遵循国际公认的权威评价标准和规范，同时，我们也借鉴了美国、欧盟等国家的一些做法，结合我们的国情，制定了一系列法律法规、技术规则和管理体系。

二是 我们国家有12个相关国家部委组成的农业转基因生物安全管理部际联席会议制度。

三是 成立了国家农业转基因生物安全委员会，负责具体安全评价。这个安委会现在由75个跨部门、跨学科的专家组成，他们都是农业和医药、卫生、食品、环境等相关领域的权威专家。

在依法严格监管方面，建立了属地管理为主的管理体系，强化督查。对违法、违规行为，发现一起查处一起。我想在这里说明一点，从目前查处的非法种植的转基因作物看，它们都是已经获得国外安全证书和我们国家进口安全证书的，并在国外广泛种植的，这也表明

总的来说，我们将本着对人民高度负责的态度，积极研究、审慎应用、严格管理，推进转基因研究与发展，健康稳定的发展，让科技更好地造福人民。

它们是安全的。但是，因按照我们的评估规则和程序，没有批准被种植，所以仍然是违规的，我们还是要对它进行禁止种植。下一步，关于转基因发展的思路是积极、稳妥地推进这项工作。我们也制定了一个路线图，就是按照“非食用→间接食用→食用”这样一个路线图来推进工作。就是说，首先发展非食用的经济作物，其次是饲料作物、加工原料作物，最后是食用作物。当然口粮我们是慎之又慎，目前为止还没有转基因粮食作物商业化种植。（资料来源：人民网-财经频道，2017年3月17日）

第4部分

转基因生物和转基因食品的谣言与误区

转基因之争与科学的思维素养

20世纪中叶开始的新技术革命对于人类文明、经济发展和社会进步发挥了巨大的推动作用。然而，对科学技术的谬用、误用以及经济无节制的发展，也对社会产生了许多负面影响。

西方科技与经济发展较早，对科学与社会关系问题的关注尤为强烈，由此促进了科学哲学领域的开拓和交叉学科——科学技术社会学（STS）的兴起。之后，欧美国家曾有一批学者认为，现代社会中的许多问题，如战争动乱、精神危机、自然灾害、环境污染等，都是科学惹的祸；科学已沦为“与政治共谋的权利、依靠金钱运转的游戏、听命于财团的工具和破坏自然的元凶”。其中，最为极端的反科学观点发源于欧洲的爱丁堡学派，称作科学知识社会学。他们全盘否定科学研究内在的客观性和合理性，认为是各种社会因素，尤其是社会利益决定了科学知识的产生过程，把利益看作科学家从事研究活动的自然动因和各方争论的内在理由（即所谓“社会建构论”和“利益驱动论”）；他们渲染科学发展的“恐怖”，声称现代科学是西方帝国主义统治东方阴谋的延续（即所谓“阴谋论”），主张清除“后殖民主义”；他们鼓吹以“生态主义”抵制所谓科学的“工具主义”，主张人类应回归自然状态；他们反对核能利用，反对转基因，甚至反对一切工业文明。

针对这类反科学思潮，许多自然科学家，包括后来不少科学哲学学者都予以了有力反击，从而在20世纪90年代触发了一场反对科学和捍卫科学的“科学大战”。捍卫科学的学者认为，科学知识的基本特点不容诋毁，即客观性、普遍性和构造性。客观性，就是可检验性，可重复性；普遍性，就是非地方性，无国界性；构造性，指的是科学知识具有逻辑性、精确性。他们认为科学技术是中性的，本身无所谓好与坏，关键在于是否正确地加以利用。他们支持研究科学与社会的相互作用，但强调在摒弃技术万能的“唯科学主义”、克服科学发展过程中某些弊端的同时，决不能否定科学发展的必要性，如果任凭反科学思潮自由泛滥，则将给人类社会发展与进步带来灾难性后果。

环顾世界，重视和推进科学发展，仍是当今许多国家思想观念的主流与政策制定的依据。然而，“科学大战”的硝烟并未散尽，出人意料的是西方反科学思潮十余年后竟在东方再次兴起，近年我国社会上围绕转基因技术问题出现的某种乱象便是其中一个典型事例。

反科学思潮与转基因之争

转基因作物问世已近30年，实现规模化生产应用也已长达22年。由于实施了规范的管理和科学的评价，全球转基因作物种类、种植面积仍在迅速扩大；每年亿万公顷土地种植转基因作物，数亿吨转基因产品在国际市场上流通，数十亿人食用转基因食品，迄今并未发生确有科学证据的食用安全和环境安全事件。

> 实践证明：转基因安全风险完全可以预防和控制；经过科学评估、依法审批的转基因作物与非转基因作物一样安全；转基因生物育种促进农业增产增收、改善生态环境等效益已充分显现，其广泛应用已是科学发展的必然。

但是，对此科学文明的重大成果，近年却在粮食安全形势依然严峻、急需创新驱动的中国备受非议和攻击。应当指出，目前从事生物科学研究的专业人士因对相关知识和技术比较熟悉或了解，绝大多数都支持转基因技术发展。其他学科，如环境科学、社会科学界一些专家对转基因安全风险存有疑虑，但其中很多人也声明并不反对技术进步，只是希望加强评价和监管。即便有少数专家不赞同转基因技术，也属于正常现象，只要是积极的、理性的学术争论，也会有利于生物技术的进步和完善。

然而，值得重视的是，时至今日，国内仍有少数人罔顾事实，不断炒作那些早已被国外权威学术机构否定、毫无科学依据的所谓“转基因安全事件”，以误导社会舆论和搅乱公众思想；曾作为西方反科学思潮根基的“技术恐怖论”“阴谋论”“利益驱动论”等至今仍四处翻版，谬种流传。特别需要高度警惕的是：社会上极少数人对生物科学一无所知，却以反对转基因为借口，肆意制造和散布妖魔化转基因的各种离奇荒诞的谣言，竭力煽动公众的不满情绪。

因此，少数人目前在转基因问题上别有用心，从本质上讲已非不同学术观点之争，而是一种反科学思潮的真实反映；发生在我国经济和社会转型时期的这股反科学思潮具有更大的危害性。

必须批判反科学思潮

今日世界正处在新一轮科技革命的前夜，围绕高新技术的竞争愈发激烈。我国党和政府号召进一步实施创新驱动战略，加快转变经济发展方式，建设现代化强国，实现民族伟大复兴的中国梦。因此，弘扬科学精神与科学文化，加快科技创新，仍应作为科技界和全社会的重要任务。

在生物技术领域，一些发达国家已将转基因技术作为核心竞争力，而且一直倚仗其技术和经济优势在全球扩展市场和谋取霸权。面对严峻挑战，我们要做的不是放弃或抵制转基因技术的发展，而只要加强研发，加快技术推进，抢占科技制高点，争取发展主动权。反之，我国积多年努力形成的研发优势将会得而复失，结果必然是痛失发展机遇而延误农业发展方式转变的进程。

我国现代科学的发展历史较短，不像西方发达国家那样经历过科学的启蒙和科学革命的洗礼。在转基因问题上的某种反科学思潮之所以能在当今中国得逞一时，重要原因之一也在于科学普及与宣传工作未及时跟上，公众对现代科技缺乏了解。因此，加强科学传播，提高全民族科学文化素质，提高对反科学思潮的免疫力就显得尤为重要。

现代科学的发展离不开科学与社会关系的研究，离不开不同学科之间的合作。为了推动包括转基因在内的各类高新技术的发展，生物学家、环保学家、科学哲学学家、经济社会学家应该积极交流，深入探讨，结合我国国情实现科学与社会的良性互动，使科学技术永不脱离健康发展的轨道。

来自转基因的秘密——中国人到底在怕什么?

近年来，农业部拟有计划地推进转基因产业化的新闻引起了社会广泛关注，转基因食品被推到风口浪尖上。在有关转基因的争论中，最常见也是最方便的话题就是“食品安全”。

转基因问题，已经不再是一个纯粹的科学问题。在很大程度上，它已经演变成一个经济利益问题、政治问题，或者信仰问题。转基因食品安不安全，关键要看转的是什么基因。对食品安全起作用的是基因的产物，而不是基因本身。在美国销售的食品中，直接含转基因有效成分（即转基因蛋白质）的其实是少而又少的，甚至可以说没有。

转基因宣传

“转基因”话题已经持续了二十年，且似乎有白热化的趋势。有人一提起这个话题就上纲上线，据说已经到了事关民族生死、国家存亡的地步。中国人对转基因食品的担心更多的是出于对政府的不信任，因为整个论证、实验、批准程序不透明，民众在不知晓的情况下，突然就有大量转基因食品涌上了餐桌。同时，一些转基因食品坚定反对者的研究却揭示了骇人听闻的结果，例如中国灾害防御协会某顾问发现，湖南黄金大米实验受试儿童出现脱发、白发、化脓、视力下降等病变；《芝加哥先驱报》曾报道，喂转基因大豆玉米饲料的猪患严重胃炎的平均发病率为食用非转基因饲料的近三倍。

转基因食物的安全性风险没有得到严格证实，国民担心自己成了小白鼠。民间流传的说法是转基因是一场没有硝烟的战争，一代人看不出问题，两三代之后问题很可能爆发。未来，中国人面临断子绝孙的危险。

农业部副部长张桃林于2018年3月在所发题为《科学认识和利用农业转基因技术》的文章中指出，对转基因存在争议本属正常，但在我国一定程度上已变成了一个被反复炒作、过度放大，甚至妖魔化的话题，影响到了转基因工作的健康发展。关于转基因的争论，原因是多方面的。首先是科学认知问题。转基因技术是个新技术，公众对其认识有个过程，存在疑虑和担心是正常的。转基因技术也容易受到负面舆论的影响。历史上，不少重大的、突破性的新技术从发明到广泛应用、普遍认可，往往也经历过公众从质疑、甚至反对慢慢到逐步接受的过程，例如牛痘接种、试管婴儿等。其次是一些虚假报道与谣言被反复炒作。“转基因玉米致癌”“转基因马铃薯实验大鼠中毒”“转基因玉米致母猪流产”等谣言，虽然被科学界和有关国家生物安全管理机构一一否定并证伪，但其负面影响广泛，也加剧了普通消费者的心理恐慌。第三是对转基因缺乏全面认识。例如，一些人对转基因增产的质疑，认为目前的转基因品种不具增产效果，难以解决粮食安全问题。其实，基因具有抗虫、耐除草剂、抗旱、品质改良、高产等多种类型、多种功能。作物能否直接增产与转入的目的基因及其功能密切相关。例如，目前转入并得到普遍应用的是抗虫和耐除草剂基因，不以增产为目的，但由于其减少了农药使用和产量损失并增加了种植密度，客观上增加了作物产量。理论上讲，转基因作物在直接增产方面是具有潜力的。例如，有人担心*Bt*蛋白除了会使虫子死亡，也会威胁人的健康，其实*Bt*蛋白具有高度针对性，仅对鳞翅目害虫有作用，对其他昆虫以及人类都是安全的。

为何转基因纪录片列为“2014年度十大科技谣言”？

2014年12月29日，由果壳网与“科普中国”共建的流言百科发布的“2014年度十大科技谣言”榜单重磅出炉！某转基因纪录片名列榜首。

近些年，转基因作物及相关问题在中国乃至世界都引起了强烈的关注和争论，所引发的争论已超出科学范畴，已涉及社会政治、法律、伦理、经济、文化、传统等一系列问题。而多年来食品安全问题导致公众对食品产生了不信任，遇到一个没见过的东西，大家首先就怀疑是不是转基因的，例如有人怀疑圣女果是转基因番茄，但实际上在转基因技术出现之前就有圣女果这个物种。此外，不正当的商业竞争把向日葵油、花生油都标上非转基因油，实际上根本没有转基因的花生和向日葵。这样做的后果造成了人们的心理担忧：转基因就是不安全的。所以很有必要通过科普知识宣传和信息交流，使公众对转基因技术有更多的了解。

美国人不吃转基因食品吗？

大家熟知、更为普遍生产和使用的转基因大豆，美国的人均消费量约是中国的两倍。按目前美国对转基因食品的规定，凡经政府审批通过的转基因食品等同于非转基因食品，无须进行强制性标识。美国市场上的转基因产品很常见，包括面包、巧克力、蛋糕、酸奶等。由此可见，转基因产品已被美国公众广泛接受。

美国是转基因技术研发强国，也是转基因食品生产和应用大国。据美国农业部（USDA）2013年6月30日发布的数据，按种植面积计算，美国种植的90%的玉米和棉花、93%的大豆、99%的甜菜，都是转基因品种。转基因甜菜用于制糖，几乎100%供美国国内食用。据美国杂货制造商协会（GMA）统计，美国75%~80%的加工食品都含有转基因成分。2013年10月美国农业部部长顾问霍兹曼接受媒体采访时说，美国的玉米和大豆超过90%都是转基因的，其中20%的玉米和40%的大豆用于出口，其余都用于本国消费，美国市场上约七成加工食品都含有转基因成分。据FAO（2009年）统计，美国当年大豆9141.7万吨，44%用于出口，其余都用于国内消费，其中93.1%用于食用；玉米年产量超过3.3亿吨，14.6%用于出口，28.7%用于国内食用。可以说，美国是吃转基因食品种类最多、时间最长的国家。

美国驻华大使馆回应某媒体人物：美国人日常吃转基因食品

2017年4月，有媒体转载了美国驻华大使馆工作人员（博文作者名雾谷飞鸿）回应某媒体人物关于美国人不吃转基因食品的文章，大意如下：美国是转基因农作物种植国，也是转基因食品消费国，美国人日常吃的食品中有许多转基因食品，这个原本不是问题的事实，却被许多人误传为“美国人种植转基因作物只是为了出口，美国人自己是不吃转基因食品的”争议话题。看到一位朋友转来的这个传闻以及他对相关问题的询问，我先是觉得啼笑皆非，过后上网一查，发现不久前还有知名人士就美国人是否吃转基因食品展开争论，觉得有必要将“美国人也吃转基因食品”的事实让更多人知道。

不久前佛蒙特州通过的一项法律，正好与美国人吃转基因食品有关，也证明了美国人早已在食用转基因食品。佛蒙特州州长彼得·沙姆林于2017年4月24日签署了一项法令，要求所有在佛蒙特州内销售的转基因食品都必须有明确的标识，使得佛蒙特成为全美第一个要求转基因食品明码标识的州。沙姆林在签署法令后说：“我们有权知道购买的食品中有哪些成分。”

在美国，负有监管食品安全重责的是食品与药物管理局（FDA）在全球享有很高的信誉，因为该局对食品及药物的安全要求很高，审查极为严格。目前，全美超级市场与各类食品店中已有许多转基因食品在销售，但食品与药物管理局并没有要求转基因食品必须贴上“转基因”的标签，原因是迄今为止并没有发现转基因食品不利于人体的证据，而且从营养成分来看，与非转基因食品是一样的。转基因食品生产商坚持认为，既然转基因食品与非转基因食品一样对人体是安全的，因此，就没有必要特别要求转基因食品贴上标签，否则的话对转基因食品就不公平了，因为贴上标签的话，会产生误导顾客的作用，使得顾客对转基因食品另眼相看。

不过，美国国内也有强大的呼声要求转基因食品必须明码标签，除了因为对转基因食品本身有所怀疑外，还因为民众有知情权，正如佛蒙特州长沙姆林所说的那样，即顾客有权知道食品中包含了什么，如蛋白质、胆固醇、糖分、能量、是不是转基因食品等。佛蒙特州在全美首先通过转基因标签法，对要求此类立法的民众及组织是极大的鼓励。不过，佛蒙特州的这一立法很可能被反对者起诉，引发法律纠纷，能否实施还是未知数。

在美国的农作物中，大豆、玉米、棉花以及油菜、甜菜广泛采用转基因种植，而采用的转基因技术主要有两种，一种是抗除草剂基因（*Ht*），另外一种是抗病虫害基因（*Bt*），这两种转基因技术都是为了使农作物生长得更快更好。美国从1996年开始大规模种植转基因农作物，根据农业部经济研究署的统计，2014年采用转基因技术生产的大豆占94%、棉花占96%、玉米占93%。由于大豆与玉米在食品中使用广泛，加上转基因油菜、甜菜等，因此许多超市、食品店出售的食品中都含有转基因食品成分。据专家估计，在罐装、袋装以及冷冻食品中，约六到七成含有转基因食品，成分从1%~100%不等。

由于转基因食品大量存在但又没有明码标签，部分对转基因食品持有怀疑态度的顾客就感到十分困惑，但对于有头脑的商家来说，却是一个巨大的商机，许多商家将自己的食品贴上“非转基因食品”或“有机食品”的标签来吸引部分顾客，这些“非转基因食品”或“有机食品”的价格比同类食品要贵很多，不过这也给顾客更多的选择余地，毕竟是市场经济，自由竞争是正常的。

所有评估过转基因食品安全性的独立科学机构都证明它们对人类来说可安全食用。美国国家科学院2004年发布的题为《转基因食品的安全性：评估健康受非预期因素的方法》报告指出："基因工程本身并不具有特殊危害性，仅根据培养技术对食品安全评估缺乏科学依据。"报告还通过一个图表说明，传统辐照育种、化学诱变育种要比转基因更具风险性。

2003年，国际科学理事会代表111家国家科学院以及29家科学联盟表明，"没有证据证明由包含转基因成分的食物引发副作用"。世界卫生组织也直接指出："在批准转基因食品的国家，普通人群食用这些食物不会影响其健康。"

2016年4月，中国工程院院士、国家农业转基因生物安全委员会主任委员吴孔明在国家农业部就农业转基因有关情况举行的发布会上表示，世界卫生组织明确认为"目前尚未显示转基因食品批准国家的广大民众使用转基因食品后对人体健康产生了任何不良影响"，国际科学理事会也明确提出，"现有的转基因食品是可以安全食用的"。农业部科技教育司司长廖西元表示，转基因技术产生以来，为保障转基因产品安全，国际食品法典委员会、联合国粮农组织和世界卫生组织等制定了一系列转基因生物安全评价标准，成为全球公认的评价准则。依照这些评价准则，各国制定了相应的评价规范和标准。从科学研究上讲，众多国际专业机构对

毒理学学会（Society of Toxicology）是由世界上超过8200名科学家组成的会员制专业协会。2018年1月，该学会发布了一份转基因作物的食用和饲用安全的声明，确认了转基因作物的安全性，并表示每一个新的转基因事件都经过了监管部门的评估。声明还提到，在近20年里，没有任何可证实的证据表明转基因作物有可能对健康产生不利影响。

转基因产品的安全性已有权威结论，即通过批准上市的转基因产品都是安全的。从生产和消费实践看，20年转基因作物商业化累计种植近300亿亩，至今未发现被证实的转基因食品安全事件。因此，经过科学家安全评价、政府严格审批的转基因产品是安全的。

国际组织有关转基因食品安全性的报告

世界卫生组织（WHO）

2002年，世界卫生组织在《关于转基因食品的20个问题》中表示："目前国际市场上的转基因产品均已通过由国家当局开展的风险评估。这些不同的评估在总体上遵循相同的基本原则，包括环境和人类健康风险评估。这些评估是透彻的，它们未表明对人类健康有任何风险。"

联合国粮农组织（FAO）

联合国粮农组织在《粮食及农业状况2003—2004》报告中明确指出：当前存在的转基因作物及其食品是安全的，检测其安全性所采用的方法也是恰当的。迄今为止，在世界各地尚未发现可验证的、因食用由转基因作物加工的食品而导致中毒或有损营养的情况。数以百万计的人食用了由转基因作物加工得来的食品——主要是玉米、大豆和油菜籽——但未发现任何不利影响。

经济合作与发展组织（OECD）

"目前上市的转基因食品都是安全的"。

欧洲食品安全局（EFSA）

"没有任何证据表明已经批准上市的转基因作物相比于常规作物会给人类健康和环境带来更多潜在的和现实的风险"。

不幸的是，总有一些边缘科学家捏造一些虚假的研究企图证明转基因食品是不安全的。在这类研究中，比较典型的是俄罗斯研究人员伊丽娜·厄玛克娃的一个未发布在任何同行评议的科学杂志中的发现：老鼠吃生物技术制成的大豆，其睾丸变成了蓝色。

法国研究员Gilles-Eric Seralini和他的同事们曾进行过一个似是而非的研究并被广泛宣传，也曾被负责任技术研究所（The Institute for Responsible Technology, IRT）引用。他们报告称抗杀虫剂玉米饲喂的老鼠死于乳腺肿瘤和肝脏疾病。Seralini是基因工程独立信息研究委员会科学理事会的主席，该理事会自称“科学反对转基因食品的非利益方，致力于研究转基因食品、杀虫剂以及污染物对健康与环境的影响，以及开发无污染的替代品的独立非营利性组织”。该理事会预设研究人员会发现生物技术作物有健康风险。但是，欧洲毒理学会以及法国毒理学会这样真正的独立团体评估Seralini的研究发现，它实际上并没有科学性。6家法国科学机构发布声明称杂志绝不应该发表这样低劣的研究，同时公开谴责Seralini在发表该研究前精心策划媒体攻势的行为。欧洲食品安全局对Seralini研究的审查发现“它是被不适当地设计、分析以及发表”。

悲哀的是，这样的伪科学却在现实生活中造成了影响，因为Seralini的文章在肯尼亚决定禁止进口转基因生物产品时被引用了。

转基因作物增加了除草剂的使用吗？

这个断言仅仅是想误导人们认为用更多的除草剂就一定更危险。根据一份美国农业部的报告，种植抗除草剂转基因作物使农民能够使用更利于环境的良性除草剂草甘膦（商业名Round Up）来替代“那些毒性至少是其三倍、在环境中存在时间将近其两倍

的合成除草剂”。草甘膦毒性很低而且在环境中会很快被分解，这使得农民能够实行免耕，从而减少高达90%的表层土壤流失。所以，最终其对环境是有积极作用的。

必须承认在这个问题上很少有诚实的发言人。大多数关于生物技术作物和除草剂的研究有偏激的组织或工业商赞助。

涉及转基因作物和杀虫剂的使用数据，不得不提反生物技术积极分子查尔斯·本布鲁克（Charles Benbrook）。在长期与各种反生物技术团体合作的职业生涯后，本布鲁克现在在美国华盛顿州立大学的可持续农业及自然资源中心做研究教授。他长期发布研究称转基因作物会提升杀虫剂的使用。例如，转基因作物在美国商业化种植4年后，即2001年，他总结说除草剂的使用“适当增加了”。与本布鲁克的文章恰好矛盾的是，前一年由科学家和美国农业部发布的研究表明转基因作物减少了杀虫剂的应用。

2004年，在一份由忧思科学家联盟（Union of Concerned Scientists）赞助的报告中，本布鲁克宣称“自1996年以来，基因工程玉米、大豆和棉花已导致杀虫剂使用量增加了0.55亿千克”。与此相对的是，在2005年的一个关于害虫治理科学的研究中，一位与杀虫剂游说团体（即植保协会）相关的研究员报告说种植转基因作物“减少了1701万千克除草剂的使用”。2007年，自称为无倾向性智库的美国食物与农业政策国家中心（National Center for Food and Agricultural Policy）在一份报告中称，2005年美国种植转基因作物使除草剂的使用量减少了290万千克，杀虫剂的使用量减少了181万千克。同年（2007年），来自荷兰瓦赫宁根大学食品安全研究所的Gijs Kleter带领一组国际学术研究人员所做的另外一个研究表明，在美国，经过基因改良以抵制除草剂的作物比传统作物少用25%~30%的除草剂。2009年，本布鲁克为反转基因有机中心发布了一份报告，该报告宣称“转基因作物在其实现商品化的前十三年，导致美国的除草剂使用量增加了1.74亿千克”。

本布鲁克最近的研究发布于2012年，该研究发现自1996年以来，采用抗虫作物虽使杀虫剂的使用量减少了0.55亿千克，但却增加了2.39亿千克的除草剂使用，总的来说，还是使农药的使用量增加了大概1.83亿千克。媒体毫不怀疑地报道了这些研究结果，其中包括《琼斯妈妈》杂志中一直轻信生物技术反对者的专栏作家汤姆·菲力宝（Tom Philpott）。

本布鲁克得出他的研究结果主要是靠趋势评估来推算除草剂的使用量的，以掩盖美国农业部的数据缺失。事实上，美国农业部并未提供2004年、2006年、2007年、2008年、2009年以及2011年对玉米的除草剂使用数据，也未提供2006年以后任何一年对大豆的除草剂使用数据以及2002年、2004年、2006年、2009年和2011年对棉花的除草剂使用数据。

正如美国怀俄明州立大学杂草生物学家Andrew Kniss指出，为了得出一个除草剂使用量增长的趋势，本布鲁克的推算将一个对玉米的除草剂使用的下滑趋势变成了上升趋势。同样，他将原本对大豆的除草剂使用量平稳的趋势变成了上升趋势。与此同时，2012年英国独立调查咨询公司PG Economics的格雷厄姆·布鲁克斯和彼得·巴富特研究发现，在1996—2010年，种植各种转基因作物已减少世界上4.52亿千克的杀虫剂喷雾使用，总体下降9.1%。厄姆·布鲁克斯和彼得·巴富特用每个品种的种植面积乘以每英亩*的平均使用量算出了杀虫剂的使用量。（资料来源：《关于转基因作物的五大谎言》，基因农业网）

* 1英亩＝4046.86平方米。

基因工程会导致危险的副作用吗？

抵制转基因生物的某些团体经常声称：“基因工程混合了毫不相关物种的基因，势必带来一大堆的副作用。”然而事实并非如此。所有类型的（包括传统的、诱变的以及生物技术的）植物育种技术，都几乎不可能培育出意料之外的作物。2004年美国国家科学院的报告，其中有一个部分比较了各育种方法所带来的意外结果，其结论为生物技术“并没有本质性的危险”。常规育种转移了成千上万个具有未知功能的未知基因以及目标基因，而诱变育种则通过化学药品或辐射引起成千上万的基因突变。与此相反，美国国家科学院的报告中表明生物技术可以说“比常规育种更精确，因为只有已知的和被精确描绘的基因被转移了”。

诱变育种是相当有趣的。在这种方法中，研究人员们主要是用伽马射线来辐射作物种子或将其浸泡在刺激性化学物质中来制造成千上万的无特征突变，然后种植这些种子看会有什么结果，再将最有趣的新突变体与商业品种杂交，之后再推广给农民。联合国粮农组织的变异品种数据库提供了超过3000种不同的突变作物品种给农民。这些突变作物中有很多都被当作有机作物来种植。在最近的新突变体产品中有两个玉米品种，即Kneja 546和Kneja 627。无论诱发育种造成了这些玉米品种的何种突变，研究人员对这种突变知道的一定比对市场上转基因生物的改变基因少，然而这些突变体实际上却没有得到监管审查和反转激进者的责难。

诱变育种不存在固有危险（考虑到其80年来可靠的安全记录，诱变育种并没有固有危险），但更加精确的现代基因工程比诱变育种更加安全。负责任技术研究所（The Institute for Responsible Technology, IRT）警告说，种植转基因作物会产生“新的毒素、过敏原、致癌物质以及营养缺乏”，但他们却没有证据证明上面任何一项。回想一下，2000年由Starlink玉米引起的恐慌，在该事件中，环境保护局批准的一个作为饲料玉米的转基因品种在两种品牌的脆皮玉米卷中被检测出。有28人声称他们对食用这种“被污染的”脆皮卷存在过敏反应。疾病控制与预防中心测试了他们的血液，发现没有一个显示出对Starlink存在过敏反应。值得注意的是，即使是已食用了数十亿份转基因食品的美国人，其年龄有关的癌症发病率也已经下降了。事实上，研究发现，抗虫作物导致癌症的能力远低于强有力的致癌真菌毒素。

转基因作物对环境有害吗?

> 与此同时，无论传统作物或转基因作物对农田生物多样性有什么样的影响，与60年前引入的现代除草剂和杀虫剂相比，它们对农田生物的影响都显得微不足道。多亏了转基因作物，农田才能变得如此多产，且农田中相对没有杂草和害虫。

负责任技术研究所再度引用了转基因作物毒害帝王蝶的无稽之谈作为这一断言的首要证据。这一特殊的传言是在1999年出现的，当时一个康奈尔大学研究人员在其实验室强迫给帝王蝶幼虫（属于食根幼虫）喂食涂有抗虫玉米品种花粉的乳草属植物叶子致使幼虫死亡。那些幼虫当然会死，因为植入该玉米品种的*Bt*基因就是专门针对像食根幼虫那样的害虫幼虫的。

反击误传需要大量的工作，但最终美国国家科学院院刊发布了一系列评估生物技术玉米对帝王蝶影响的文章。研究人员描述说该玉米对帝王蝶群体的影响是“微乎其微”的。2011年，一篇对超过150篇科技论文进行评论的文章表明，“商品化的转基因作物减少了农业对生物多样性的影响，如加强免耕、减少杀虫剂的使用、增加环保除草剂的使用以及增加产量，可避免更多的土地被转化为农业使用。”

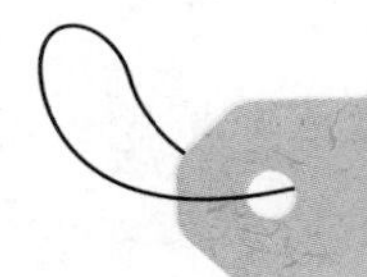

转基因作物不仅没有增加产量，反而还会阻碍世界粮食问题的解决吗？

2009年，忧思科学家联盟发布了一篇名为《增产失败》的报告。该报告自称为“迄今为止对转基因作物及其产量的决定性研究”。但是这篇报告在评估转基因作物产量信息时并不诚实——转基因作物其实主要通过防止杂草消耗阳光和养分并阻止害虫破坏作物来提高产量。

最近，一篇发布在《自然生物技术》杂志的评论文章发现“在168个比较转基因与传统作物产量的结果中，有124个结果显示转基因作物产量更高，32个表明没有区别，13个显示比传统作物更高。”至于解决粮食短缺问题，产量增长对于发展中国家的贫穷农民比富有国家的农民更重要。《自然生物技术》的文章指出，“在发展中国家，抗虫玉米产量增长16%，抗虫棉增长30%，而对抗除草剂玉米的单独研究发现其增产了85%。”

2012年，两位英国环境科学家的一篇文章回顾了过去15年出版的关于转基因作物对农业以及环境影响的文献，发现转基因作物不仅增加了产量，而且还很大程度上“对发达国家和发展中国家都产生了积极的影响”。他们补充说，“通常反对者声称的转基因作物的负面影响还未在农业生产中大范围突显。”

根据2018年2月15日意大利圣安娜高等研究学院生命科学院的Laura Ercoli等发表于英国自然（Nature）出版集团旗下的刊物《科学报告》（*Scientific Reports*）的论文报道，他们通过对过去21年间转基因玉米的研究文献进行分析认为，和同类非转基因玉米相比，转基因玉米的产量可增加5.6%~24.5%。同时，转基因玉米作物所含有的毒化学副产品——霉菌毒素也明显减少，转基因玉米可降低真菌毒素（mycotoxins）28.8%、伏马菌素（fumonisin）30.6%、单端孢霉烯族毒素（thricotecens）36.5%。目前相当大比例的非转基因和有机玉米中会含有少量真菌毒素。因为害虫玉米螟除直接危害玉米造成严重损失外，其危害造成的伤口又是玉米穗腐病病原菌入侵的途径，引起穗粒腐烂、霉变而导致直接产量损失的同时，这些真菌还会产生伏马菌素等上述有害物质。

以转基因*Bt*抗虫基因玉米为例，因该种转基因玉米没有虫害引起的减产，所以单产高于非转基因玉米。抗虫甜玉米增产的效果就更明显了：被玉米钻心虫吃了的甜玉米在美国是不能上市的，转*Bt*基因的甜玉米没有玉米钻心虫的危害，产量大大高出非转基因玉米，深受美国农民欢迎，被大面积栽种。现在美国的甜玉米中约有一半是转基因的。事实上，美国人平均每人每日通过吃转基因甜玉米吃进去的*Bt*蛋白至少有0.4毫克，10亿人次吃了两代无一毒副作用。

下面的数据指出了全世界推广近10亿亩的转基因大豆和转基因玉米的单产都比非转基因的大豆和玉米要高。

（1）转基因大豆和非转基因大豆的产量比较　2012年美国大豆单位面积产量为173千克/亩；2012年中国大豆单位面积产量为127千克/亩。美国94%的大豆种植面积为转基因大豆，中国大豆全部是非转基因大豆，仅从单产来看，美国的转基因大豆已经比中国的非转基因大豆产量高出了46千克/亩，即如果中国现在种植的大豆全部换成美国的转基因大豆，中国大豆的产量可以提高36%。如果算上转基因大豆出油率比非转基因大豆高13%，那么种植转基因大豆的增产效果就不言而喻了。（数据来源：美国农业部、美国大豆协会）

（2）转基因玉米与和非专基因玉米的产量比较　据统计分析，3个种植转基因玉米主要国家（美国、加拿大、阿根廷）和3个种植非转基因玉米主要国家地区（中国、欧盟、澳大利亚）的玉米单产比较：非转基因国家玉米的单产都在440千克/亩以下，中国的玉米只有356千克/亩（与世界平均单产相平）。而种植转基因国家的玉米单产都在500千克/亩以上，其中美国的单产为628千克/亩（美国的玉米总面积中90%是转基因玉米），几乎高出中国非转基因玉米单产的75%。（数据来源：美国堪萨斯大学报告）

再看一下美国农业部对美国农民为何喜欢种植转基因作物所作调查的统计分析。从下图来看，不管是转基因玉米和转基因大豆，美国农民喜欢种植转基因作物的主要原因就是增产。美国农民种植什么作物是没有政府指令的，完全是根据自己的经济利益来决定的。如果转基因玉米和大豆不增产，没有人能强迫美国农民去种植。

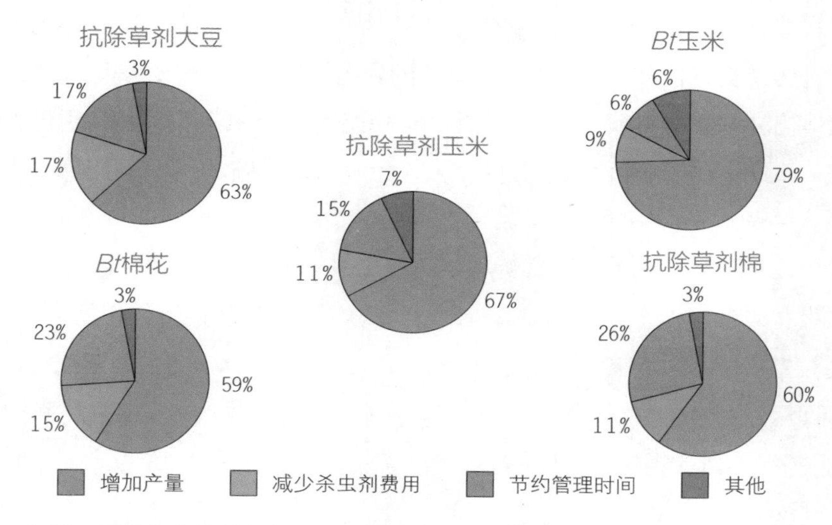

美国农民摒弃非转基因大豆采用转基因大豆的理由

“俄罗斯禁止转基因”解析

2016年7月初，俄罗斯总统普京签署法令，禁止俄罗斯生产、进口转基因食品。反转基因派欣喜若狂，中间派大惑不解，媒体对此却少有解析。其实“俄罗斯禁止转基因”须从遗传学史和贸易竞争两个方面来解析。

先说遗传学史，从苏联的遗传学史对此进行解析。基因遗传学起源于1856—1864年，奥地利修道士孟德尔在他的修道院里做的8年豌豆实验，实验证明豌豆的各种性状是由细胞内的基因决定的。1928年，美国遗传学家摩尔根总结他的果蝇实验，出版了《基因论》，此书指出基因存在于细胞里的染色体上。1953年，美国科学家沃森、英国科学家克里克共同发现染色体的主要成分DNA的分子结构，而基因则是DNA的一个个片段。

从1953年起，遗传学进入了分子遗传学时代。既然DNA是分子，基因是这个分子的片段，那么一种生物的基因就有可能连接到另一种生物的DNA上，称作转基因。转基因是新的育种方法，可以培育出新的好的性状，而传统的同一物种的杂交育种方法培育不出这些新的好的性状。1983年，美国科学家率先培育出转基因植物。2016年，全世界种植了28亿亩转基因作物，占世界耕地的14%。以上说的是孟德尔遗传学，下面说说米丘林遗传学。

米丘林是俄国人，自从1875年他20岁起致力于果树育种60年，直至1935年他去世。米丘林提出的遗传理论与孟德尔的不同。孟德尔遗传理论简单地说就是“内因（基因）决定性状遗传”，这个理论得到了所有遗传学家的实验验证；而米丘林遗传理论简单地说就是“被外因（环境）改变的性状也可以遗传”，却得不到其他遗传学家的实验验证。这本来是纯粹的学术之争，但是在1935年掌控苏联农业科学院的李森科却将此变为政治斗争，批判孟德尔遗传学是“资产阶级唯心主义遗传学”，并得到斯大林的支持。斯大林去世后，赫鲁晓夫继续支持李森科。苏联的遗传学政治斗争也波及中国，在20世纪50年代，中国的孟德尔遗传学学派也受到批判。1964年赫鲁晓夫下台，1965年李森科被罢免。至此，孟德尔遗传学在苏联停滞30年，人才断代断层，直至现在，俄罗斯遗传学研究仍然远远落后于欧美，一个转基因品种也没有培育出来。30年的科学浩劫给俄罗斯留下了反对转基因的土壤，所以俄罗斯科学界反对转基因的声音十分强大，以致俄罗斯国家基因安全研究会副主席也反对转基因。

再从贸易竞争角度解析。俄罗斯拥有广阔的耕地，是非转基因粮食出口大国，而美国是转基因粮食出口大国，两国之间自然存在竞争。美国的转基

因大豆、转基因玉米已经占了国际市场的90%，所以不怕竞争。美国也有转基因小麦，但是不敢种植，怕的就是俄罗斯等小麦生产大国和它竞争。其实早在2013年之前，俄罗斯反对转基因的舆论就占上风，以后越来越占优势，俄罗斯2013年就批准了《转基因作物注册和登记法》，也进口转基因食品，如今却全面禁止，主要目的就是为了贸易竞争，正如俄罗斯农业部长所言："俄罗斯有能力为全球提供最好的食品。"

欧洲人对转基因食品"零容忍"吗？

有人提出质疑，为何欧洲不普遍搞转基因的大量种植呢？事实上，尽管欧洲对转基因还是比较保守的，但欧洲的权威科研机构是鼎力支持转基因的。欧洲一部分国家没有大力推广转基因，原因主要有三点。第一，宗教势力在欧洲很大，宗教团体出于宗教信仰的偏见反对转基因，很多宗教徒本身就是欧盟国家的资深政客，可以影响欧洲政策的走向。第二，欧洲农业发达，粮食基本可以自给自足，不像亚非拉地区的农民迫切需要转基因增产粮食作物。阿根廷、巴西等国家在种植转基因作物中得到完善的农民会联合起来要求政府加快推广转基因作物，而欧洲国家中没有这种力量。第三，欧洲的一些传统有机农业的既得利益者惧怕种植转基因作物会抢占他们的市场，也会鼓动反对转基因作物。需要强调的是，欧洲人吃不吃转基因食品和转基因食品是否安全没有任何关系，欧洲政府是否禁止转基因推广和转基因食品是否安全没有任何关系。

一项社会调查发现，极端反转基因者往往具有宗教信仰和玄学信仰，对超自然、巫术（医）保持支持态度。反转者的立场主要出于宗教或者玄学信仰，而不是基于客观事实。他们拒绝与科研工作者正常交流，无论面对如何确凿的无害证据，最后他们都会引用“科学不是万能的”“你过于迷信科学”这样的观点。事实上，人工改变大自然的现状，不等于违反自然规律。人类有能力改造大自然，完全可以人工改变自然进程又不违背自然规律。人们不能违背的是自然规律，人类不能过度从大自然中索取自然资源，否则会使自然资源加速枯竭，并引起环境污染。

据报道，2015年，5个欧盟国家允许种植转基因玉米，28个国家批准转基因作物进口用于加工饲料和食品。欧洲的标识阈值是0.9%，即转基因含量低于0.9%就不用标记了。而我们国家是零容忍，只要有，法律规定就必须标记。日本的标识阈值是5%，我国台湾地区是10%，不同的国家和地区标准是不同的。

转基因作物会“破坏免疫系统”吗?

以前有一种说法，耗子吃了转基因的马铃薯，免疫力会下降。后来证明，那个实验是不可靠的，英国在1999年就否定了这个结果。中国社科院查询了国际上8000多篇转基因论文，只有几篇是持反对意见的，而这些论文的实验设计大多是有问题的。还有人说，广西大学生进行体检，发现男同学的精子数目下降，原因是他们吃了转基因的玉米。时任广西壮族自治区人民政府副主席的陈章良表示，广西从未进口过转基因玉米，没有向大学供应这类粮食。体检结果与转基因无关。其实，一个基本的事实是，二战以后全球男性精子数目都出现了下降的情况。有人分析，这可能与环境污染，尤其是塑化剂污染有关。

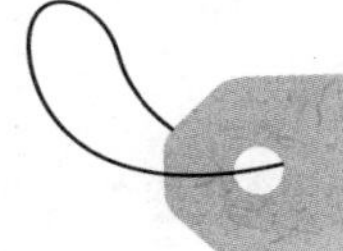

揭秘“俄罗斯科学家证实吃转基因食物导致后代不育”的真相

流言

俄罗斯科学家已经证明，食用转基因食物会导致后代的生育能力丧失！并且发现实验中食用转基因食物的第三代仓鼠有畸形，嘴里竟然长毛了！转基因食物绝对有害！

真相

所谓的“俄罗斯科学家证实转基因食物是有害的，食用转基因大豆仓鼠失去了生育能力”的研究从来没有发表过，转基因作物上市之前，都需要经过大量的、长期的食用安全评价。自1996年转基因大豆商品化生产应用以来，上亿美国人直接或间接食用转基因大豆近20年，至今未发生一例经过证实的转基因食品安全事故。

流言溯源

这个流言来源于2010年4月16日“俄罗斯之声”（一家俄罗斯的电台网站）上的一篇文章——《俄罗斯科学家证实转基因食物是有害的》。此文主要介绍了俄罗斯科学院生态与进化研究所研究人员Alexey Surov的一项研究结果。在这项研究中，研究人员将坎贝尔仓鼠分为四组，都喂给它们常规的食物。不同的是，一组的食物不添加任何东西，一组添加非转基因大豆，另一组添加转基因大豆，最后一组则添加更多的转基因大豆。结果发现，食用转基因大豆的那些仓鼠，他们的后代相比对照组在生长速度和性成熟速度上都要慢，并且部分仓鼠失去了生育能力；此外，在第三代的仓鼠中还发现了嘴里长毛的畸形。

研究并不可靠

首先，这项研究结果并没有正式发表在科学杂志上。有记者检索了绝大部分重要的科学数据库（涵盖了几乎所有的重要的科学文献），都未能找到与Alexey Surov博士这项研究相关的论文。在著名的反转基因专家、国际畅销书《种子的欺骗》的作者Jeffrey Smith发表于2010年4月20日的一篇网络文章里，看到了关于这项研究更为详细的描述。Jeffrey Smith的文章特别提及Alexey Surov的这项研究预计将于3个月后（也就是7月份）发表。可惜的是，直到今天我们也没有看到这项研究结果的论文。大家无法猜测论文没有发表的原因，但可以肯定的是，没有通过“同行评议”机制的论文其结论是不足信的。同时，作为一位科学工作者，在实验结果尚未发表时，就向媒体透露所谓的“科学结论”，也是极不负责任的行为。

Alexey Surov的另一篇文章《一种新的器官异位：一些啮齿动物口腔中的毛发》于2009年发表于俄罗斯国内杂志《生物科学报告》（*Doklady Biological Sciences*）。文章中描述了实验室饲养的仓鼠口中长出毛发的发现，并对毛发的生长分布、成分等作了介绍。在文末，作者并没有发现确切的原因，而是猜测说“这可能是实验室饲养仓鼠用的大豆等食物中含有转基因成分或者是因污染物质引起的”。事实上，这只是一个偶然的观察结果，而文章也并没有对产生这种畸形的原因进行考察，也就不能得出是转基因食物导致这种畸形的结论。

转基因会影响传代生殖能力吗?

转基因大豆问世以来，研发者以及世界各国的多家独立机构进行了大量、长期的食用安全评价，包括营养学评价、毒理学评价和致敏性评价等。实验证明，新引入的蛋白质没有增加毒性风险，食用转基因大豆不会对人体健康产生不良作用。以抗草甘膦（SGT）转基因大豆为例，其转入的基因是来自于土壤农杆菌CP_4株系的磷酸烯醇式丙酮酰莽草酸合酶（EPSPS），该蛋白质可以使作物对除草剂草甘膦产生抗性。

这种蛋白质基因是植物和微生物中的一种限制酶，普遍存在于人类食物和动物饲料中，具有长期安全食用历史。将该蛋白质与数据库中已知毒素的序列进行同源性比对，人们发现两者没有序列同源性。美国、日本和韩国学者还分别采用模拟胃肠液对该蛋白质进行消化实验，结果显示，在模拟胃液或肠液中，转基因蛋白质在数秒内完全被降解。用该蛋白质做小鼠实验，结果表明当灌胃量达到572毫克/千克体重时，该蛋白质没有对小鼠产生不良反应。可以认为，该蛋白质对动物的毒性风险很小。

此外，美国、日本、中国等国科研人员采用转基因抗草甘膦大豆和非转基因大豆进行了动物亚慢性毒性和传代生殖能力等多项检测。其中，日本采用加热后的大豆粉以30%的添加量饲喂大鼠15周，检测其生长、进食量、脏器重量和脏器切片等一般毒性指标和免疫毒性指标，结果表明转基因大豆对大鼠无毒性。中国采用这种大豆饲喂大鼠91天，做了进食量、体重、血生化、血常规、尿常规指标和组织病理学检查，结果表明转基因大豆未对动物产生亚慢性毒性。美国对喂养这种大豆的小鼠进行了2~4代繁殖实验的生殖能力检测，分析了胎仔大小、体重、睾丸细胞数量等指标，认为转基因大豆对小鼠无生殖毒性。

转基因食品对人体长期健康效应是转基因安全评价的重要问题之一。转基因食品推向市场之前须经过严格的食用安全评价，这套评价体系相对于传统食品而言更加严谨甚至苛刻。其中就包括了对人体长期健康效应的评价，在试验过程中采取的是超常量试验，即大大超过常规食用剂量。之所以采用超常量试验，就是考虑到了长期效应，科研上的模型相当于长期效应试验。现行的化学食品、药品多是用这套系统进行验证的。如大鼠90天喂养实验，时间相当于大鼠生命周期的八分之一，大鼠2年喂养实验是观察其整个生命周期的慢性毒性实验。

种植转基因作物导致广西大学生不育，山西老鼠减少、母猪流产了吗？

有的转基因作物品种种子没有繁殖能力，人吃这样的食品是否也会造成不孕不育？我们不妨先了解一下遗传性不育的原因，最著名的遗传性不育的例子是马与驴的杂交后代骡子。骡子不育是因为马有32对（64条）染色体，而驴有31对（62条）染色体，它们交配后生育的骡子有63条染色体，导致染色体不能成对（63个），生殖细胞无法进行正常的分裂（即减数分裂），因此没有生殖能力。

而转基因技术所改变的并不是染色体的数量，而是染色体上DNA的结构，通常会将其他来源（供体）的DNA片段（基因片段）插入欲改变作物（受体）的染色体上，或者从染色体上敲除一段不想要的基因片段。因此，转基因技术产生的作物并没有改变染色体的数量，作物是完全可以繁殖的。只是转基因作物的研发需要花费大量的研究经费，如果直接将能够繁殖的转基因种子出售的话，农民可以把收获作物自己留种，不再继续购买种子。因此，出于保护企业的知识产权和利益的目的，转基因研发公司通过杂交技术，培育出不能正常繁殖的转基因种子出售，而将能够正常繁殖的转基因种子作为亲本用于制种使用。

其实，即便作物不能繁育，也不代表吃这样的作物会导致人类不育，就像我们吃骡子肉不会导致不育一样，吃同样通过杂交技术研发的无籽西瓜、无籽葡萄、杂交水稻也不会引起不育一样。所以“吃转基因食品会引发不育”是有人根据中国居民深信俗语“吃什么补什么”的观点，以及我国老百姓最怕的是“不孝有三，无后为大”的儒家思想，炮制出来的最能引起我国老百姓共鸣的流言。为此，这些人还杜撰了两个例子，其一是我国广西壮族自治区由于种植了孟山都的转基因玉米，导致广西大学男生的精子质量下降的事；其二是，在东北，由于种植转基因大豆，东北的老鼠都少了，因为转基因大豆造成了老鼠不能生育的事。

第一个例子的真实情况是，广西医科大学一位教授对男性大学生的精子质量进行了现状研究，结果表明男性大学生的精子在数量上和活动能力上，都比过去的男性大学生差。由于是现状研究，没有时间的先后顺序，因此无法推断造成精子质量下降的原因。研究者仅提出了三种假设，一是环境污染，二是心理压力，三是电脑辐射接触过多。研究者并没有将转基因和精子质量下降联系起来。这件事是被后来的故事杜撰者将两件事联系了起来。

而真相是，广西没有种植转基因玉米，一是国家不允许转基因玉米在我国推广种植，我国只允许推广种植转基因棉花和番木瓜。二是，孟山都是一个非常专业的培育和销售转基因种子的公司，也是全球最大的转基因种子公司，它还制作和出售非转基因种子。所以，由于广西没有种植转基因玉米，广西大学生精子质量的下降，应该是另有原因，和转基因没有任何关系。

第二个例子的真实情况是，2010年《国际先驱导报》报道称山西、吉林等地因种植“先玉335”玉米导致老鼠减少、母猪流产等异常现象，文中所称的“老鼠减少”后来以讹传讹甚至被传为“老鼠灭绝”。对此，中国农业科学院生物技术研究所研究员王志兴在做客人民网科技频道时表示，此消息为虚假报道、科学谣言，经专业实验室检测和与相关省农业行政部门现场核查，山西和吉林等地没有种植转基因玉米；“先玉335”也不是转基因品种。山西、吉林有关部门对报道中所称“老鼠减少、母猪流产”的现象进行了核查，据实地考察和农民反映，当地老鼠数量确有减少，这与吉林省榆树市和山西省晋中市分别连续多年统防统治、剧毒鼠药禁用使老鼠天敌数量增加、农户粮仓水泥地增多使老鼠不易打洞、奥运会期间太原作为备用机场曾采取集中灭鼠等措施直接相关；关于山西“老鼠变小”问题，据调查该地区常见有体形较大的褐家鼠和体形较小的家鼠，是两个不同的鼠种；关于“母猪流产”现象，与当地实际情况严重不符，属虚假报道。《国际先驱导报》的这篇报道被《新京报》评为“2010年十大科学谣言”。

中国平民体内发现有害基因了吗?

2018年年初，微信上流传着一篇“10万+”文章——《触目惊心：中国平民体内发现美国转基因的SCoAL基因！》，被广泛传播。相关专家认为，这篇文章内容纯属杜撰。

2月25日，中国农业科学院生物技术研究所所长、研究员林敏在接受《科技日报》记者采访时推测，该文章或来源于2012年7月26日右岸新闻社的一则报道。此次网络流传的谣言帖和此前的文章大致相同。推文指出，英国学术期刊《雪莱遗传学通讯》发表过一篇文章。文章指出，在对中国平民阶层进行基因组学研究时发现了在转基因作物中用来促进生长的基因SCoAL，并提醒该基因可能会对健康造成的影响。实际上，并没有《雪莱遗传学通讯》这本英国学术期刊。

推文说：“记者专程探访了正在北京进行研究工作的遗传学家维克多·斯坦因教授。斯坦因教授来自德国泰斯特罗莎医学中心。”林敏表示，实际上也没有泰斯特罗莎医学中心这个机构，而泰斯特罗莎则是动画作品《魔法少女奈叶》系列中的女主角之一。

推文还写道，斯坦因教授在对中国的志愿者进行全基因组测序后发现，超过半数的志愿者中，在25号染色体上发现了名为“SCoAL”的基因。林敏解释，人类还没有能进化到有25号染色体，人类只有23对染色体。

该推文还指出，SCoAL基因能够在人体内合成化学物质丁二酸，并指出丁二酸有较强的酸性和腐蚀性。实际上“丁二酸，又名琥珀酸。琥珀酸在食品工业中用于调味剂、酸味剂、缓冲剂，其经由美国食品与药物管理局（FDA）批准为食用安全物质。”所有生物包括非转基因作物，都会产生丁二酸，在转基因作物中检测到生命代谢活动产生的中间产物丁二酸，是再正常不过的事了。

业内专家指出，这实际上是一篇钓鱼文。“钓鱼文”是一种精心安排的语言陷阱。需要注意的是，钓鱼文也是捉弄对方知识和逻辑不足的博弈手段。中科院遗传与发育生物学研究所高级工程师姜韬告诉《科技日报》记者，从作者炮制SCoAL基因名称、刻意把生物学概念的琥珀酸称作化学名称的丁二酸，以及杜撰25号染色体来看，这篇文章的作者起码拥有大学生物化学以上的相关知识水平。

“央视终于发声”是假新闻

2017年以来，一条反对转基因的视频在网上疯传，其标题是《央视4台终于发声：转基因食品导致美国1800万人患怪病》，时长2分钟。许多人看过以后，以为转基因真的有害，在此有必要对此事作一下解析。

实际上这则新闻并非最近新闻，且是假新闻。因为说“终于发声”，所以给人的感觉是最近的，其实它是4年前的。视频下面有10条滚动字幕新闻，其中1条是“俄罗斯总统办公厅新设反腐事务局”，在网上搜索得知，这条新闻发生在2013年12月3日，这个视频就应是2013年12月上旬的。央视4台（姑且认为它确实出自央视4台）的标题是《转基因食品引发美国民众焦虑》，转发的是俄罗斯某电视台的新闻《警惕转基因，所含麸质或引发系列疾病》。通过解析，可以证明这个俄罗斯电视新闻是假的，那么央视4台的新闻就也是假的了。请看进一步分析：

这条假新闻的核心词是“麸质”。视频主持人：“转基因食品的安全性一直备受争议，俄罗斯一家电视台报道称，由于长期食用转基因大豆和玉米，

1800多万美国人患上了与麸质谷蛋白有关的疾病，更有医学专家称，转基因食品引发的疾病或将演变为一场大规模的流行病。麸质是一种存在于小麦等其他谷物中的蛋白质，最近研究发现，大豆、玉米等转基因食品中所含的麸质可能是引发一系列疾病的诱因。”

麸质就是面筋，是若干种蛋白质的复合物，主要存在于小麦、大麦、黑麦等麦类中。世界上约有1%的人对麦类麸质敏感，敏感是因为人体内缺乏相应的消化酶，不能将麸质消化分解，那么吃了麦类就会腹泻，而美国人对麸质敏感的人群比例更高一些。这就是视频声音所说的“1800多万美国人患上了与麸质谷蛋白有关的疾病”。

视频声音又说“更有医学专家称，转基因食品引发的疾病或将演变为一场大规模的流行病”，这就耸人听闻了。流行病是传染病，对麸质敏感的腹泻不是传染病，不吃麦类就不腹泻了。视频声音把这种腹泻疾病归因于“长期食用转基因大豆和玉米”更是不对的。因为大豆是豆类作物，不是谷类作物，非转基因大豆、转基因大豆都不含麸质。玉米虽然属于谷类，但是玉米所含麸质谷蛋白与麦类不同，吃非转基因玉米、转基因玉米都不会导致腹泻。如此胡乱归因、推论，就是对转基因的妖魔化。

视频接着出现美国某转基因技术研究所男性专家的影像与声音，声音翻译为字幕：“如果仔细研究大部分转基因食品中的初期毒素，就可以初步解释麸质敏感症状的生理学机制。这些症状包括胃肠疾病、免疫系统问题、肠道细菌症状、肠道壁损伤等。”这个把麸质与转基因画等号的“专家”如果不是故意造谣，就一定是个伪专家。事实上，是麦类麸质导致了敏感的人腹泻，与是否转基因无关，何况美国迄今未商业化种植转基因小麦。

继续听视频主持人声音：“随着转基因恐惧症在美国蔓延，无麸质饮食大行其道。这家餐厅选用的食材都是非转基因的纯天然食材。”这又是把麸质与转基因画等号而妖魔化转基因。

视频声音："在美国，无麸质食品已经发展成数十亿美元的产业，与之相关的产品、书籍、训练营纷纷涌现。"这句话中说的"书籍"就是《谷物大脑》，美国2013年出版，中国于2015年翻译出版。这本书连续80周居于《纽约时报》畅销书排行榜榜首，正是这本书掀起了美国无麸质食品热，著作者戴维·珀尔玛特被称为美国的"张悟本"。这本书反对人们吃谷物，认为人体过多摄入谷物中的麸质和碳水化合物，会损伤大脑，导致记忆力下降，引发自闭症、老年痴呆，而提倡多吃动物食品。这与美国农业部和卫生部颁布的膳食指南相悖，美国以及各国的膳食指南都是强调人体需要谷物、豆类、蔬菜、水果、动物食品的营养平衡。这本畅销书把麸质妖魔化了，形成了舆论优势，美国反对转基因的势力就借用麸质的恶名来妖魔化转基因。

解析核心词"农达"：农达是草甘膦的商品名。视频主持人声音："美国某转基因技术研究所公布，在转基因作物种植中，使用的除草剂农达，会对人体健康造成巨大威胁。"

解析

这个所谓的"转基因技术研究所"，一定不是培育转基因品种的，而是专门寻找反对转基因的"理论"依据的。这样的研究所的经费一般由有机农业公司提供，甚至干脆就是有机农业公司所属。有机农业不使用转基因品种，妖魔化转基因，是为了说服消费者购买有机农产品。因为有抗草甘膦的转基因大豆、转基因玉米，所以反转势力就把草甘膦也列为攻击目标。草甘膦的除草机制是抑制了植物氮代谢的酶。氮是蛋白质的元素之一，氮代谢停止了，蛋白质就不能合成了，植物就会枯死。抗草甘膦的转基因作物，是转入了细菌的一个基因，这个基因产生的氮代谢酶，作用比原来增加50倍，可抵消草甘膦的作用，所以草甘膦只能除草而不伤害转基因作物。草甘膦不仅可用于转基因作物，也可用于非转基因作物。在除草剂家族中，草甘膦因毒性低、残留少、价格低、除草效果好，而被世界各国广泛生产和使用，如果不用草甘膦，就得用其他毒性更高的除草剂。其实草甘膦的毒性比食盐还低，这是动物实验的结果——任何化合物的毒性都应以动物实验为标准。国际食品法典委员会规定，大豆中草甘膦含量允许上限为20毫克/千克，但是实际上转基因大豆的草甘膦含量远远低于这个数值。尽管如此，草甘膦却长期被妖魔化。

视频接着出现美国某转基因研究所女性专家的影像与声音，声音翻译为字幕："农达这种毒素会潜伏下来，不会马上导致急性症状，它却能慢慢损害健康。肾衰竭、甲状腺癌、自闭症、老年痴呆症，都与种植转基因大豆和玉米使用的农达具有高度相关性。"

"农达这种毒素会潜伏下来"，意即在体内累积起来，但是科学界公认草甘膦在人体内不会累积，而是通过代谢排出体外。"肾衰竭、甲状腺癌、自闭症、老年痴呆症，都与种植转基因大豆和玉米使用的农达具有高度相关性"的说法是在偷换概念，因为她强调的是"相关性"，而不是"因果性"——何况这些疾病和草甘膦的使用之间的相关性得不到证据支持。

以"央视终于发声"为题发出的与转基因相关的"新闻"，其实不止这一条，还有几条，但都是三四年以前甚至更久以前的新闻，都是转发国外的反对转基因的新闻，不足为信。

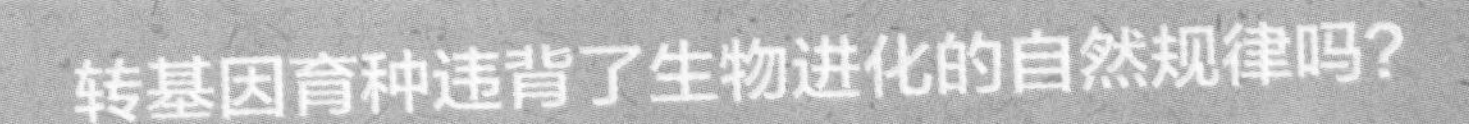

转基因育种违背了生物进化的自然规律吗？

生物进化遵循“物竞天择，适者生存”。生物通过遗传、变异，在生存斗争和自然选择中，由简单到复杂，由低等到高等，不断发展变化。自然界中打破生殖隔离、进行物种间基因转移的现象古往今来普遍存在，现在仍在悄悄发生，只不过我们平时没有觉察，多数人对此不了解而已。今天我们种植的绝大部分作物已经不是自然进化而生的野生品种了，而是经过人工选育改造，即不断打破生物间生殖隔离、转移基因创造的新品种和新物种。如袁隆平培育的杂交水稻、李振声培育的高产抗病小麦，分别将亲缘关系较远的野生种或远缘种的优良基因转移到作物上，即打破了作物种间生殖隔离。

转基因作物会助长超级杂草吗？

杰伊·侯尔德是美国佐治亚州阿什本（Ashburn）的一名农业顾问。大约5年前，他在顾客的转基因棉花田中，首次注意到长芒苋。长芒苋是美国东南部农民的眼中钉，因为它会与棉花争夺水分、阳光以及土壤中的养分，并且在短时间内快速地占领整片农田。

自20世纪90年代末开始，美国农民开始广泛种植转基因棉花。这种棉花通过基因改造，能够耐受除草剂草甘膦。美国孟山都公司在将这种除草剂推向市场时，所使用的商品名为“农达”。刚开始，转基因作物加除草剂的方法十分有效。但2004年，在佐治亚州的一个县，人们发现了对草甘膦具有抗性的长芒苋，而截至2011年，这种长芒苋已经散布了76个县。侯尔德说：“这种杂草使一些农民的棉花产量减半。”

一些科学家和反对转基因的团体警告：栽种转基因作物后，由于农民对草甘膦随意使用，使许多杂草都开始进化出抵抗除草剂的能力。自从1996年抗草甘膦农作物推出以来，对草甘膦具有抗性的杂草种类已经达到24种。但是，无论农民是否种植转基因作物，抗除草剂的杂草始终是农民无可避免的问题。例如，尽管科学家还没有推出可以耐受除草剂“莠去津”的转基因作物，但还是有64种杂草对这种除草剂进化出了抗性。

实际上，这些杂草的出现，源自抗草甘膦转基因作物的成功。通常，农民会使用多种除草剂来减慢杂草抗性的产生。他们还会通过犁田翻土，去除表层土，释放二氧化碳，以达到控制杂草的目的，这种除草方法不会促使杂草产生抗性。而转基因作物出现后，种植者可完全依赖草甘膦。这种除草剂的毒性较许多其他化合物低，且可在无需翻土的情况下杀死多种杂草。于是，农民年复一年地种植同样的转基因作物，而不再通过轮种或变换除草剂来防止抗性杂草的产生了。

上述做法得到了孟山都公司的支持。这家公司曾宣称，只要使用得当，杂草并不容易对草甘膦产生抗性。2004年，该公司发布了一项为期多年的研究结果，农田轮作及更换除草剂并不能防止杂草对除草剂产生抗性。里克·科尔现任孟山都公司杂草治理的技术总管，他当时在一个行业杂志的广告中说：“如果按照孟山都公司的推荐剂量施用，草甘膦可以有效除草。我们知道，死掉的杂草是不可能产生抗性的。”

不过，这项研究在2007年发布之后，却遭到科学家们的批评，因为研究所用的实验作物区面积过小，不管怎么操作，杂草产生抗性的几率都很小。国际抗除草剂杂草调查组织的负责人伊恩·希普谈道：“目前，我们已经在全世界的18个国家发现了对草甘膦具有抗性的杂草，其中巴西、澳大利亚、阿根廷和巴拉圭所受的影响最为明显。”

现在，孟山都公司对草甘膦的使用也改变了立场，建议农民使用混合除草剂和翻土来除草。但该公司还是不愿承认他们对该问题的产生负有责任。科尔告诉《自然》杂志："对于该体系的过度自信，再加上经济利益的驱使，导致农民使用了比较单一的除草剂。"总的来说，与工业规模种植的传统农作物相比，抗除草剂的转基因作物对环境的破坏还是较小的。

英国独立调查咨询公司PG Economics调查发现，在1996—2011年，由于种植抗除草剂的转基因棉花，除草剂的使用量减少了1550万千克——这就是说，与纯粹种植传统棉花相比，转基因棉花的种植使除草剂的总用量减少了6.1%。

英国独立调查咨询公司PG Economics的负责人之一格雷厄姆·布鲁克斯谈到，转基因作物使环境影响熵数*改善了8.9%。环境影响商数会考虑杀虫剂对野生动物的毒性之类的多种环境影响因素。同时，布鲁克斯还是一项由行业资助的研究负责人之一。在许多科学家看来，这是一项该领域对环境影响所进行的最全面、最权威的评估。

现在的问题是，转基因作物带来的这些益处还会维持多长时间。到目前为止，农民为了对付具有抗性的杂草，不得不使用更大剂量的草甘膦，并辅以其他除草剂和翻土耕作。美国宾夕法尼亚州立大学帕克校区的植物生态学家戴维·莫滕森在一项研究中预计，由于转基因作物的种植，2025年全美的除草剂用量将从2013年的1.5千克/公顷增加到3.5千克/公顷。

为了给农民提供新的杂草治理手段，孟山都公司和其他生物技术公司，例如美国陶氏益农公司正在研发与不同除草剂合用的新型抗除草剂作物。他们希望能够在几年之内将这些转基因作物商业化。

莫滕森认为，即使是这些新技术，最终也会有失效的一天。但是，以色列魏兹曼科学研究所的杂草科学家乔纳森·格雷塞尔认为，完全放弃化学除草剂并不可行。使用化学除草剂来控制杂草还是比翻土耕作更具效率，而且对环境

* 环境影响熵数：亦称环境熵（EQ），是化工和生物制品生成过程中产生废弃物量的多少、物化性质及其在环境中的毒性行为等综合评价指标，用以衡量合成反应对环境造成影响的程度，是环境效益的一个评价指标。

的破坏性也较小。他说："如果农民采用更具持续性的农耕方式，并结合使用混合除草剂，那么他们就不再会遇到这么多问题了。"

种植转基因作物导致印度农民自杀?

在2013年3月的采访中，印度的环保及女权主义活动家凡达纳·希瓦（Vandana Shiva）一再重申一组令人担忧的统计数据："自从孟山都公司进入印度种子市场以来，已有27万印度农民自杀。"她认为这是一次种族屠杀。这一控诉的依据是20世纪90年代末印度人口自杀率的升高。自孟山都公司2002年开始在印度销售转基因作物种子以来，这已成为每次谈及企业剥削时一再重复的例证。

其实，孟山都公司的转基因*Bt*棉花都含有一种来自苏云金芽孢杆菌的抗虫基因，能够抵抗某些害虫。但它进入印度市场的过程并不顺利。一开始，这种棉花种子的价格比当地的杂交品种高5倍，致使当地的经销商将*Bt*棉花种子与传统的棉花种子混合，以便能以较低的价格销售。这些假种子再加上错误的使用信息，给当地农民造成了作物和金钱的损失。这无疑给当地农民雪上加霜，因为长久以来，当地农民承受着严苛信贷体系的压力，这些压力迫使他们向地方银行贷款。

然而，荷兰瓦赫宁恩大学及研究中心的农业社会经济学家格洛沃尔认为："将农民自杀完全归咎于*Bt*棉花，简直就是胡说八道。"虽然经济困难是造成印度农民自杀的一个驱动因素，但自*Bt*棉花引入，农民的自杀率并没有任何变化。

美国华盛顿特区国际食品政策研究所的研究人员也证实了以上观点。他们收集、分析了与*Bt*棉花和印度农民自杀相关的政府数据、学术论文以及媒体报道，然后在2008年发表了相关研究结果，并在2011年更新了数据。他们的研究结果显示，虽然印度人口的年自杀总数从1997年的不足10万人，增加到2007年的12万人，但在同一时期内，印度农民的自杀人数却一直保持在每年2万人左右。

马丁·卡伊姆是德国哥廷根大学的一位农业经济学家。在过去10年中，他一直在研究*Bt*棉花对印度社会经济的影响。他认为，尽管*Bt*棉花在印度的起步不顺，但它已经给当地农民带来了可观的收益。在对印度中南部533户棉花种植家庭的调研中，卡伊姆发现，从2002年到2008年，由于虫害损失的减少，这些农户的棉花每公顷的产量增加了24%。在同一时期，由于棉花产量的提高，农民的平均获利增加50%。卡伊姆说，考虑到转基因棉花所带来的利润，我们就不会惊讶，现在印度种植的棉花90%以上都是转基因品种。

美国华盛顿大学圣路易斯分校的环境人类学家格伦·斯通谈道："*Bt*棉花带来的增产还缺乏充足的实验证据。"他不仅对印度*Bt*棉花的产量进行了实地调研，还对相关的研究文献进行了分析。他指出，大多数报道*Bt*棉花增产的同行评议论文，都属于短期调研，而且调研时间通常都集中在转基因技术大规模应用的头几年。因此，他认为这些研究有失偏颇：首批采用该项技术的农民，往往是那些经济比较宽裕且教育程度较高的农民，而他们种植的传统棉花产量就已经高于平均水平。

这些农民种植的*Bt*棉花产量高，部分原因是他们在那些昂贵的转基因种子上投入了大量的精力。斯通认为，现在的问题是，印度的传统棉花田地已经所剩无几，因而无法就产量和利润与转基因棉花进行比较。卡伊姆承认，许多相关研究仅着眼于转基因棉花的短期经济效益，但他在2012年发表的研究发现，将这些影响因素纳入考虑之后，转基因棉花的经济效益仍然较高。

格洛沃尔认为，*Bt*棉花虽然没有导致印度农民的自杀率激增，但也绝非棉花增产的唯一因素。他说："对于转基因技术的成功与否，我们很难一概而论。它在印度的发展仍在继续，我们还无法对此作出决定性的结论。"

墨西哥野生作物遭到转基因作物污染了吗?

2000年，墨西哥奥克萨卡山区的一些农民为了增加收入，希望为他们种植的玉米申请有机认证。美国加利福尼亚大学伯克利分校的微生物生态学家戴维·奎斯特（David Quist）同意帮助他们获取许可，并进入他们的田地开展一个研究项目。但是，奎斯特对这些农民种植的玉米进行遗传分析时，却发现了一个惊人的事实：当地出产的玉米含有一段转基因，而这段基因正是孟山都公司在抗草甘膦及抗虫害的转基因玉米中，用来提高转基因表达的DNA片段。

墨西哥在2000年还没有批准转基因作物的商业化种植，因此这些转基因可能来自墨西哥从美国进口的食用转基因作物。由于当地农民可能不知道这些是转基因作物，而将其当作普通种子进行种植。奎斯特推测，墨西哥的玉米可能已与这些转基因品种杂交，导致转基因DNA已混入了原生种。

该项发现一经在《自然》杂志上发表，奥克萨卡山区即刻成为了媒体、政治关注的焦点。许多人责骂孟山都公司污染了玉米的历史发源地，因为在墨西哥，玉米被认为是一种神圣的农作物。奎斯特也因为研究存在的一些缺陷（如检测转基因时所使用的方法），以及认为转基因片段会散布于基因组中的观点，而遭到攻击。《自然》杂志最终撤回了对该论文的支持，但并没有撤销这篇论文的发表。2002年，对该研究的一篇评论文章中，《自然》杂志的编辑在脚注中还专门写道："现有的证据还不足以支持原论文的发表。"自那时起，学术界很少公开发表关于墨西哥玉米中转基因的研究。这主要是因为研究经费不足，以及研究结果不统一。

2003—2004年，美国俄亥俄州立大学哥伦布分校的植物生态学家艾利森·斯诺，对采集自墨西哥奥克萨卡125个农田的870个植物样本进行了分析，但并没有在玉米种子中发现任何转基因序列。

然而，2009年，墨西哥国立自治大学的分子生态学家埃琳娜·阿尔瓦雷兹－拜拉与加利福尼亚大学伯克利分校的植物分子遗传学家阿尔玛·派尼若－尼尔森，发现了与奎斯特在2001年（在奥克萨卡23个地点采集的3个样本）和2004年（2个样本）所发现的相同的DNA片段。

在另一项研究中，阿尔瓦雷兹－拜拉与合作者发现，从墨西哥全国1765户农民那里收集来的种子中，有一小部分含有转基因。在当地社群进行的其他研究中，也不断发现了转基因的踪影，但这些研究却很少被发表。斯诺和阿尔瓦雷兹－拜拉承认，取样方法的不同可能导致转基因检测结果的差异。斯诺说："我们在不同的田地取样，所以他们发现了转基因，而我们则没有。"

当科学界在争论转基因片段是否侵入了墨西哥玉米时，墨西哥政府也在纠结，到底该不该允许*Bt*玉米的商业化种植。斯诺谈道："转基因作物进驻墨西哥的玉米地似乎已经无可避免。有些证据甚至显示这是正在发生的情况，但现在还很难说这种现象发生的频率有多高，后果又会是什么。"阿尔瓦雷兹－拜拉坚持，转基因的散播将会危害墨西哥玉米的健康，改变其特性，例如外表及味道，而这些品质对那里的农民来说是相当重要的。

一旦转基因进入原生种，就很难被去除。批评者还推测，随着转基因性状在当地玉米种群中长期积累，原生种的健康最终是会受到影响的（例如与原生种抢夺能源和资源，或者扰乱原生种的代谢过程）。

斯诺说："目前还没有证据显示转基因作物会造成任何负面影响。"她认为，就算这些转基因进入其他植物，它们对植株的生长也只会造成中性的或有益的影响。2003年，斯诺和同事通过实验证实，如果将*Bt*向日葵与野生种杂交，其转基因后代虽然仍需密切照料，但与非转基因植株相比，它们的抗虫能力与种子产量都有所提高。斯诺说："很少有研究者进行类似的实验，因为拥有这些技术的公司通常都不愿意学术研究者进行这类实验。"

在墨西哥，对于转基因技术的争论并不局限于潜在的环境影响。农作物科学家凯文·皮克斯利是国际玉米与小麦改良中心的负责人，他认为墨西哥国内支持转基因技术的科学家忽略了一个关键点。他说："科学界的大部分人都不了解墨西哥人在感情上和文化上对玉米的深厚依托。"

支持或反对转基因作物的研究，无论多严谨，总会忽略背后涉及甚广的大环境，而在这些大环境下，情况往往会变得微妙、模棱两可。卡伊姆谈道："转基因作物不能解决发展中国家或发达国家所面临的所有农业挑战，它并非包治百病的神丹妙药。"但是，对它肆意诋毁也是不恰当的。真相往往存在于中间地带。

转基因公司与转基因技术的纠葛——如何评价孟山都？

虽然美国在转基因技术方面一直都是领先于世界的，可全世界第一个成功做出转基因作物的国家是英国。可是英国比较保守，所以后来把技术转移到了美国加州的一家公司。这家公司开始是做耐储存的番茄，可是因为此品种的番茄味道不好，所以市场推广不成功。这家公司后来就破产了，最后被孟山都公司收购。

孟山都公司的广告
（广告语：橙剂——苦难的遗产）

说起转基因，大家都知道孟山都公司，但其实也有别的企业在做。可为什么只有孟山都被攻击得最厉害呢？因为这家公司有一段不光彩的历史，孟山都过去是做农药的，越南战争时做过橙剂（第一代除草剂，有毒），这种橙剂会让树叶枯黄，这样越南民兵就可以暴露让美军攻击他们了。这样的历史原因让孟山都公司背上了黑锅，遭人抨击。孟山都当时其实是发现了草甘膦这种除草剂原料。这种原料最大的好处就是可以用水洗掉，而且是所有除草剂里毒性最低的。当时孟山都靠这个产品赚了很多钱，到专利快到期时，公司要转型，就改做转基因产品了。孟山都公司用做草甘膦赚的钱收购了一些转基因的小公司，慢慢地就变成了做转基因的大公司。实际上，现在全世界最大的草甘膦生产国是中国，孟山都公司在2005年就停止生产草甘膦了。可孟山都拥有黑历史，仍然遭到大家的抨击，所以转基因的名声，有一部分是被孟山都的企业形象给连累了。

不像正常品种的蔬菜水果就是转基因产品吗？

现在市面上蔬菜水果品种繁多，有小个子的番茄和黄瓜，也有大个子的青椒和草莓。然而，这些都不是转基因产品。所谓转基因产品，是用人工方法，把其他生物的基因转移到农作物中来的作物。而在不同品种之间进行杂交，或者用各种条件来促进植物发生变异，都不是转基因。

其实，天然植物本来就是形状多样的。同样一种东西，个头有大有小，色彩各异。人们只看到一种大小、一种颜色的产品，只是因为人类普遍种植这种品种而已。比如说，把各种番茄品种之间互相杂交，就能育出深红色、粉红色、黄色、绿色等不同颜色，以及不同大小的番茄来。这些是很正常的事情，和转基因不同。就好比人有不同民族，不同种族通婚之后，就会生出鼻梁高度、嘴形、眼睛和头发颜色、个头高矮等均不同的混血儿来一样。

无论颜色如何，大小如何，绝大多数蔬菜水果都是通过传统育种方法得到的品种。稍微有点非传统的产品，就是把种子带到太空中育出来的大青椒等产品，但这也与转基因毫无关系。也就是说，这些育种方法只是在不同品种之间转移基因，就像不同民族的人结合后生育的孩子，或者人受到某种外界刺激发生了变异，归根到底还是人类自己的基因。而转基因产品呢，好比把其他生物的基因转移到人身上，让人身上拥有某种花的基因，或者某种细菌的基因，所以这两种显然完全是不同的概念。

蔬菜水果不容易坏就是转基因产品吗？

一个南瓜或一个番茄能存放一周，这实在不是一件稀罕的事情。蔬菜水果都有自己的保存条件，只要按条件储藏，就能保存很久。比如说，苹果可以在冷藏库里存12个月之久，这和基因没有丝毫关系，只不过是人们想办法让它进入“冬眠”状态，降低它的呼吸作用和衰老进程而已。即便不放在冷库里，很多蔬菜水果都能在阴凉处存一周以上，例如夏天的西瓜在切开之前能放半个月以上；完整的洋葱、胡萝卜，没有过熟的番茄等，也可以在家里存放一周左右的时间。

的确有“转基因”的番茄不容易成熟，但它不是放一周的问题，而是根本不会自己成熟。因为人们想办法去掉了它启动衰老成熟的“开关”。这样，它就一直保持青涩状态，除非外用催熟剂来处理，才能变成红色，变成可食状态。目前我国市场上销售的生鲜番茄中，还没有这种转基因的产品。

Bt转基因作物会杀死虫子，所以对人体有害吗?

虫子吃了抗虫转基因水稻会死，而人吃了反而没事的现象，其原理在于抗虫基因水稻中的*Bt*蛋白是高度专一的杀虫蛋白，只能与鳞翅目害虫肠道上皮细胞的特异性受体结合，导致害虫肠麻痹致死。“但是人类肠道没有*Bt*蛋白的结合位点，*Bt*蛋白进入人体肠道后会马上被降解成氨基酸，被消化吸收或排泄出去。所以人吃了转基因作物是安全的，不会对身体造成损害。”

“转基因大豆致癌”一说缺乏科学依据

据人民网报道：2013年6月，一则《转基因大豆与肿瘤和不孕不育高度相关》的新闻引起了媒体和公众的广泛关注。在该新闻中，某省大豆协会负责人在无任何流行病学调查依据的情况下，凭“自身在行业的工作经历”，将肿瘤高发原因与食用转基因大豆油联系在一起。这一耸人听闻、未经证实的结论，经由多家媒体转载，无疑加剧了公众对转基因技术的误解和恐惧。事实上，转基因大豆商业化20多年以来，其安全性早已获得全球主流科学界和各国权威机构的认可和肯定，所谓“致癌致不育”的说法纯属荒谬之谈。

自1996年第一例转基因作物商业化以来，转基因技术在农业上的应用已有22年的历史。根据国际农业生物技术应用服务组织（ISAAA）的最新统计，2012年全球共有28个国家的1730万名农民种植了1.703亿公顷的转基因作物，种植面积在22年间一直持续增加。其中，转基因大豆是第一个获得安全批准且目前种植面积最大的转基因作物，仅在美国，90%以上的大豆都为转基因品种。根据联合国粮农组织的食物平衡表格（2007年），美国当年产大豆7286万吨，其中41%用于出口，其余都用于国内消费，其中93.1%用于食用，用于饲料的不到7%。有人说美国人不吃转基因食品，可实际上，在过去的十几年中美国人至少吃了3万亿份转基因餐食。

在国内媒体和公众还在为转基因食品是否安全争论不休的时候，世界各权威机构对其安全性则早有定论。世界卫生组织食品安全部门在2005年6月1日就转基因问题发布了一个长达79页的报告，题为《现代食品生物技术，人类健康与发展——以证据为基础的研究》，其中明确写道："目前国际市场上的转基因食品都经过了风险评估，它们并不比传统的同类食品有更多的风险。"

欧盟委员会的报告也指出，转基因作物并未显示出给人体健康和环境带来的任何新的风险；由于采用了更精确的技术和受到更严格的管理，它们可能甚至比常规作物和食品更安全。除此以外，美国食品与药物管理局（FDA）和日本厚生省都明确声明，市场上的转基因食品是安全的。这些声明都可在相关官方网站上查到。

事实上，为确保安全可食，并解答公众疑问，转基因食品是有史以来评价最透彻、管理最严格的食品。各国政府部门都设立专门的机构对转基因产品进行深入严格的监管审查，我国也不例外。例如，农业部批准了3个转基因大豆品种的进口。据中国农业科学院植物保护研究所研究员、农业转基因生物安全委员会副主任委员彭于发的解释，在我国批准之前，这3个大豆品种已在美国、加拿大、日本、韩国、澳大利亚、新西兰、菲律宾、墨西哥、哥伦比亚、俄罗斯、南非、巴西、阿根廷等多个国家获得批准用于商业化种植或食用。在其他国家安全评价的基础上，农业部在国内再次进行了环境安全和食用安全验证实验，整个过程历时三年。

因此，转基因作物的安全性，主流科学界已给予认可，政府机构也进行了严格的监管，安全是有保障的。而寥寥几个被各类谣言抓住不放反复当论据的既然人们对转基因作物的安全性已有定论，为何本篇开头提到的某省大豆协会负责人还会在缺乏证据支持下得出如此荒谬的结论呢？如果我们了解到近年来国内大豆产业的弱势地位，不难看出该协会此番言论背后的商业利益了。

所谓致癌致不育试验，也早在首次公布后很短时间内就被权威机构和科学界推翻了。2012年，法国科学家塞拉利尼有关转基因玉米喂养实验鼠致肿瘤的研究，由于在实验鼠特征、样本量、喂养数据、统计分析等多个参数上存在不合理、匮乏甚至谬误，经欧洲食品安全局及科学同行认定为其结论完全不合理。2010年俄罗斯Alexei Surov博士有关转基因食物导致仓鼠不孕的结论甚至未能被任何一家科学杂志接受发表。这一既不科学又不可信的结论只好通过一家电台的网站发表出去，哗众取宠。

据海关总署发布的最新数据，2012年中国进口转基因大豆5838万吨，比上年增加了11.2%，相比2004年增长了189%。可见，我国大豆进口量连年增长再创新高，而同时国产大豆的种植面积则在逐年减少，2011年，国内大豆产量仅为1449万吨，大豆对外依存度高达80%。《中国证券报》曾报道，根据中国大豆网对东北三省上千个监测点的调查估算，2013年黑龙江省大豆种植面积或比上年减少30%左右，吉林省减少31%左右。

此外，根据中国农业部农业信息网公布的价格数据显示，2013年6月14日黑龙江东南部地区大豆市场收购价格大约为4.4元/千克，同期的国际市场大豆价格为每27千克1529美分，换算成人民币就相当于3.46元/千克。这意味着国产大豆价格比国际市场贵了27%（实际上会更高，因为这里我们是用国内收购价和国际零售价作对比）。价格高昂加之国产大豆品质有限，逐年来国产大豆越发不能满足国人对大豆制品的需求，我国对大豆进口已成常态。一边是进口转基因大豆的兴盛，一边是国内非转基因大豆产业的颓废，某些机构期望呼吁挽救本土大豆产业危机的诉求本让人同情和理解，但这种通过抹黑转基因技术，恣意造谣的做法，实则背离科学，透出商业投机的嫌疑。

这一做法的后果，从短期看，可能会以一种虚假的为民请命姿态，为自己的经济利益分得一杯羹。从长期看，既无法扭转本土大豆产业的劣势局面，对转基因技术的妖魔化更会阻碍先进技术的应用和优势资源的合理配置。而我们不发展，不能阻止世界不发展。固步自封带来的不仅是发展落后问题，最终损害的是农民的利益、产业的安全和国家的利益。

2014年10月16日，受农业部农业转基因生物安全管理办公室委托，中国工程院院士、中国农科院副院长吴孔明向全国近50家媒体澄清关于转基因危害的12个传言时，公开表示：转基因大豆油致癌的说法没有科学证据！对“转基因大豆油致癌”说法，吴孔明澄清，肿瘤发病集中省份与转基因大豆油消费集中省份符合的表述和论断，是非常不严谨的简单推测。因为在同一省份，不同肿瘤登记点的数据差异十分巨大，同为广东省内的广州市和中山市，每十万人中肿瘤发病人数分别约为320人和200人，而辽宁省的沈阳市发病数字约为250人，但大连就突破350人。吴孔明强调，相关性不等同于因果关系，肿瘤发病因素多种多样，不同地区的癌症发病率和常见癌症类型不同，还与地区特定的环境因素、生活因素及遗传因素有关。

科学已经证明转基因安全，为何人们仍然反对？

尽管无数的科学证据都证明转基因食品是安全的，并且能促进农业的可持续发展，但仍有许多人相信它们对健康不利（甚至有毒副作用），还会破坏环境。为什么科学论证结果和公众认识的差距如此之大呢？当然，公众的一些担忧，例如对于杂草的抗药性以及跨国公司利益的质疑的确不是空穴来风，但这并不是转基因技术所特有的问题。因此，我们还有另一个问题需要回答，也就是为什么这些论调唯独在转基因技术中如此风靡。

比利时根特大学的一组生物技术专家以及哲学家最近发表了一篇论文。这篇论文试图说明转基因食品的负面形象之所以如此深入人心，是因为人们在直觉上认为它是不安全的。直觉在理性范围之外，却是任何正常人都有的，在直觉的作用之下，这样的负面消息会变得十分自然。哪怕是错误的，这些消息也更容易吸引人们的注意力，而且很容易被大脑处理并记住，因此也更容易被传播开来。这也能在一定程度上解释为什么人们反对转基因仅仅因为它“可能有危险”。

在论文中，作者确认了可能影响人们判断的几种直觉。比方说，心理上的本质主义让我们将DNA看作生物的“本质”——它不可察觉，不可改变，并且决定着生物的行为、成长和身份。因此，人们潜意识里认为，当一种生物的基因被移至另一种生物上时，前种生物的典型性状也会随之被转移。例如，一次美国的意向调查中，超过半数的被调查者都认为，用鱼DNA修饰后的番茄尝起来会有鱼的味道。

很显然，“本质主义”在公众对转基因食品的态度上有着举足轻重的地位。人们普遍更加反感不同种类物种之间的DNA移植（转基因），而对同物种间移植（同源转基因）则没那么反感。一些非政府组织在内的反转团体常常利用这些直觉，发布长着鱼尾巴的番茄图片或者对公众宣称粮食公司用蝎子的DNA改造玉米DNA，以便来做出更脆的玉米片。

“目的感”也对转基因给人们的印象有着深刻的影响。反转团体通过鼓吹万事皆有因、万物皆有主的思想观念让我们变得更容易轻信谣言。这其中有一部分观点来自于宗教，但这同样使非宗教者认为大自然本身是一种对人类福祉有益的过程或是实体，而人类不应去扰乱这些规律。在反转者眼里，基因修饰是“反自然”的，而生物技术学家也被贴上了“亵渎上帝”的标签。一个流行的词汇“弗兰肯食物”道出了这个理念的精髓：我们因为傲慢而违背自然意愿行事，最终却给自己酿成大祸［《弗兰肯斯坦》（*Frankenstein*），该书讲述了一个科学家造出一个“人造人”，最终带来灾难的故事，批判了不顾自然规律、肆意妄为的想法]。

恶心的感觉可能也会影响人们对转基因食品的态度。人们对可能存有病原体的食物天生就觉得反感，例如体液、腐肉和蛆，这种感觉很有可能是随演化而来的，是病原体防护机制的一部分，即防止自身食用或接触有害物质。这也可以解释为什么恶心的反应能一触即发——因为比起误食脏东西而呕吐甚至丧命，把干净的食物误认为变质而丢掉其实更划得来。因此，哪怕是完全无毒害的食物也有可能会引起人体出现恶心的反应。

转基因食品让人恶心是因为人们认为基因修饰会污染食物。当用于修饰的DNA来自于恶心的动物，如老鼠和蟑螂，这种现象就更严重了。可事实上，不管它来自哪里，DNA就是DNA。这样的恶心反应能解释人们为何更厌恶转基因食品。一旦恶心的感觉被激发，那么像转基因致癌、转基因导致不孕，或者是转基因污染环境这样的言论就显得更有说服力了，而这恰恰是反转者常用的手段。恶心也会影响道德判断，让人更倾向于谴责研究和商业化转基因产品的人。当无法找到合理原因来解释情绪时，人们往往会寻找一个合适的观点来使这种情绪合理化。

科学家的认知分析并不是想用理论揭穿一切反转言论。有的转基因应用的确可能会带来某些有害的影响，但有机农业或传统农业也有同样的问题。无论是哪种农业方式，风险和收益应该具体问题具体分析。而目前的转基因应用都已被证明是安全的。也许有人会担心跨国公司的参与，或除草剂抗药性，但这些有时候只是转基因技术在应用中的问题，而并不代表这项技术本身是错误的，也不能因此全盘否定转基因生物。然而，基于情绪和直觉的反转言论让人们无法认识到这一点。

认识到直觉和情绪在对转基因生物的理解及态度上的影响，对科学教育与传播有重要意义。因为大脑倾向于扭曲或拒绝科学信息，反而适应更加直觉化的信念，因此简单地陈述事实是无法让大众相信转基因食品是安全有利的，特别是对那些已经被情绪化的反对转基因的人。

谁冤枉了“黄金大米”？

自从“国外科研机构利用中国儿童做转基因黄金大米人体试验”这一消息在网上爆出后，舆论哗然，群情激动。然而，公众对此事中暴露出的科研试验管理乏术的愤怒，却着实冤枉了黄金大米这一造福发展中国家穷人的科研成果，也体现出对以儿童为样本进行医学研究的误解。而有关部门在这一事件中的表现，也足以再次引起我们对科学与监管的反思。

（1）黄金大米真相

黄金大米的研发始于科学家们不断地探索利用科学造福穷人的努力。它所要解决的问题是如何以低成本、便捷的方式克服不同程度的维生素A缺乏症。

据世界卫生组织报告，全世界估计有1.9亿儿童和1900万孕妇患有不同程度的维生素A缺乏症（VAD），每年发展中国家有35万儿童因VAD而失明，67万儿童因VAD导致免疫力低下和继发感染而死亡。人体缺乏维生素A后就没有足够的原料来制造视紫红质，这会使视网膜中杆状细胞受损，最终可能导致全盲。而且，不同程度的维生素A缺乏症还会导致人体免疫力下降，引起儿童呼吸道疾病和腹泻的增加，甚至增加了感染艾滋病的可能。

动物性食品中富含维生素A，不少植物如包括胡萝卜在内的多种蔬菜水果中都含能转化为维生素A的胡萝卜素，但目前许多贫困地区人们能吃饱肚子就不错了，很难吃得上肉类和果蔬，也无法获得廉价的维生素A胶囊。几经探索，科学家们想到了通过转基因的手段，培育出富含维生素A的作物来。从2000年初开始，经过反复努力，科学家们将维生素A合成的前体—— β-胡萝卜素的基因导入了水稻，这些基因的产物能够在稻米主要食用部分胚乳中富集，从而使大米带有胡萝卜素的金黄色，故被人们称作“黄金大米”。

位于菲律宾、由世界银行资助的国际水稻研究所（IRRI）是目前国际上黄金大米的主要研发单位。负责IRRI黄金大米传播工作的Jill Kuehnert女士说，目前黄金大米正在进行社区层面的广泛研究以充分证实其补充维生素A的实际效果。目前，IRRI的科学家与菲律宾和孟加拉国两国水稻育种家合作，已培育出多个适应当地生产条件的黄金大米优良品种，IRRI的科学家也与这两个国家的科学家一起，准备向这两个国家的政府提交安全评价资料。“只有得到各国监管者的批准，它才能普及推广。审批有望在2~3年完成，届时黄金大米就有可能开始生产应用。”

如果黄金大米得到国家级的监管部门批准，著名慈善机构海伦·凯勒国际基金会将会组织每日食用黄金大米是否会改善成人的维生素A水平的评估。这一评估将为黄金大米的进一步推广奠定基础。海伦·凯勒说：“我们也准备了多套方案来确保黄金大米能到达最需要它的穷人手里。”

（2）科学与慈善的结合

黄金大米能到达最需要它的穷人手中，最主要是因其价格。这种大米尽管营养成分大幅提高，生产效率在育种专家多年努力之下也不亚于常规品种，其价格却与常规大米品种一样。

Kuehnert介绍，能做到这一点，是因为尽管黄金大米花费了巨额研发经费，但在公私合作体制的支持下，其专利权属问题已通过协商基本解决，包括中国在内的发展中国家农民可以无偿使用，这也就意味着发展中国家的农民不需要为黄金大米的种子支付比常规稻种更高的价格。

早在2000年，黄金大米的发明人、瑞士联邦技术院植物科学研究所的Ingo Potrikus教授和德国弗莱堡大学的Peter Beyer教授就捐献了其专利，将之作为送给贫困农民的礼物。

但这并不够，因为黄金大米的研究涉及了70个专利，其中，商业公司持有7个专利，63个则属于其他公共机构。面对这个问题，科学家、农业公司和慈善基金会联合成立了“黄金水稻”人道主义委员会。负责培育“黄金水稻”二代的先正达公司捐献出了“黄金水稻”二代的发明权。其后，所有“黄金水稻”涉及专利的所有者，包括孟山都公司、拜尔公司、Zeneca Mogen公司都宣布了放弃其专利权，“黄金水稻”将无偿地提供给发展中国家农民使用。发展中国家是指由联合国粮农组织所指定的低收入、粮食不足的国家，其中也包括中国。即使不属于这些发展中国家，年土地收入少于一万美元的贫困农民也可以免费使用黄金大米的专利。

普通大米　　第一代黄金大米　　第二代黄金大米

与此同时，在美国国立卫生院（NIH）的主持和联合国粮农组织（FAO）的支持下，产品的人体营养学功能试验已按照国际通行的做法，以符合科学伦理、确保参试者健康为前提，在美国等国家进行，初步结果证实确有克服VAD的良好功效。值得一提的是，正如药品一样，黄金大米的试验参加者，包括了美国、菲律宾等多个国家的儿童，绝不是如个别不明真相的公众所说的那样，是拿中国儿童来做实验。

（3）阴谋论的苍白

即便黄金大米足以称得上公私合作、以科学造福穷人的典范，但针对其的指控仍时有所闻。除了完全没有科学根据指责其食用安全问题外，还有一种说法是，大公司虽然捐出了黄金大米的专利让贫穷国家的农民无偿使用，但这是为了替其商业化的转基因品种打开渠道。因为一旦受援国接受了黄金大米，那就没有理由拒绝其他商业化的转基因品种了。

对此，Kuehnert断然否认，指出黄金大米的研发和推广完全是国际公立机构在进行，不涉及任何公司，不会成为公司推广自己商业品种的诱饵。有关专家也指出，认为某国批准了一种转基因就不得不接受大量其他转基因品种，这是不了解政府农业审批的结果。世界上各国政府在审批包括转基因在内的各项农作物品种时，都遵循个案原则，即不会因为批准了一个品种的转基因水稻，就对所有转基因水稻打开大门，更不要说全面放开所有的转基因品种了。

而公众对作为转基因品种的黄金大米安全性的质疑，再一次体现了普及科学常识的重要性。其实，即便没有专业的科学知识，只要不盲目相信“阴谋论”，我们完全可以通过常识、基本事实，加上一点合理的逻辑来探讨转基因大米安全与否的问题。

先来看看转基因安全性的问题。假如说它不安全，那么为什么全世界这么多科学家——绝大多数没有拿过转基因公司或农业公司的科研经费——都承认其安全性呢（这里指的是相对安全性，包括常规食品在内，世界上没有绝对安全的食品）？确实有一些科学界的人士反对转基因，但却拿不出转基因安全性有问题的科学证据来。

有人说包括黄金大米在内的转基因是美国控制世界的工具，则更是滑稽可笑。我们知道，但凡要控制别人，自己先不能被控制。美国的田间地头或超市市场中，人们种的、吃的农作物很多都是转基因的，美国的农业部长甚至是总统，自然也都是转基因的消费者。

正如美国时任农业部长维尔萨克有一次访华时告诉记者，在美国，人人都在吃转基因食品，部长和老百姓一样，因为并没有给农业部长专门开的超市。

（4）破解信任危机

但即便如此，仍然有很多公众并不认可转基因的安全性。而有关部门的做法，实际上加深了这种不信任感。

在这次黄金大米的事件中，相关政府部门或国有研发机构不仅对事件的处理缺乏条理，看起来手忙脚乱，又总是回绝媒体的正常采访。这就使部分公众认为，让政府部门躲躲藏藏的原因，可能是黄金大米这样的转基因品种确实存在问题。而在包括此次黄金大米纠纷的多次与转基因相关的事件中，相关政府部门总是忙于平息事件，却没有传达"迄今为止，没有任何科学证据显示转基因对健康和环境会造成比传统作物更大的风险"这一科学界共识（这一共识的原话出现在包括世界卫生组织和联合国粮农组织等多个国际组织的文件中）。

这一点与美国的监管部门形成了鲜明对比，2011年底到2012年初美国有数万人签名，要求政府强制识示转基因食品（美国现在采取自愿标识制度，其结果就是为了防止公众受到误导不敢购买转基因食品），但负责管理转基因食品监管的美国食品与药物管理局（FDA）以科学证据不足为理由，直接公开拒绝了这一要求。

政府部门严格遵循科学证据而不是忙于应付眼前压力的做法，其结果是增加了民众对政府政策的信任。2012年5月10日，国际食品信息委员会（IFIC）

发布了2012年度“消费者对食品技术的认知”调查报告。调查结果显示，美国人继续高度支持现行的生物技术食品标识联邦法规。调查还发现74%的美国人对植物生物技术有一些认知，并且将近40%的消费者青睐在食品生产中运用转基因技术。

专家呼吁给欧盟的转基因政策松绑

是时候该放宽欧盟对转基因的严苛政策了——一支欧洲生物技术专家团队表示。2014年3月发布的报告显示，转基因技术已经安全地应用了几十年，因此，不应该再默认其是不安全的。同时，科学家们还表示，应该从那些跨国大公司手中收回转基因技术，将其作为一种公共品对待。“我们这次并未涉及新的技术”，报告作者，英国雷丁大学的吉姆·道威（Jim Dunwell）表示。转基因作物从研究至今已经过去了31年，并已经进行了20年的商业种植。“不该再对转基因作物使用不安全推定了。”

在欧盟，每一项新的转基因作物都必须经过欧洲食品安全局（EFSA）的审批，只有经过多数欧盟成员国的批准后才能进行种植。不过由于欧盟国家间对转基因作物态度的分歧，导致转基因作物在欧洲经常难以通过批准。于是，自从1998年以来，欧洲的农民只被允许种植一种转基因作物——玉米。与之形成鲜明对比的是，从20世纪90年代以来，美国已经陆续通过了96种转基因作物的审批。

欧盟内部对转基因作物的种植存在明显的争议。道威和他在英国科学技术委员会的同事们表示，如果每个国家都有自己独立的监管体系，也许情况会更好。这样，只要EFSA通过了对某种转基因作物的审批，各个国家可以自主决定各自国内的种植与否。该小组同时将这份建议呈送时任英国首相戴维·卡梅伦（David Cameron）。英国环境大臣欧文·帕特森也表达了欧盟有必要放松其对转基因农作物管理的建议。

未来转基因生物和转基因食品的发展趋势

我国转基因主粮是否提上日程？

要从不同的角度进行分析，从研发的调度出发，转基因主粮肯定需要提上日程。到目前为止，转基因具有最大潜力满足人口爆炸需要（人口资源、土地资源需要）。“对于转基因资源的掌握，其中包括基因的挖掘、怎样做成品种均在进行当中。但对于是否产业化，出于目前的舆论压力暂时还没有定论。”

其中一些人担心转基因食品的安全性，其实现在我们遵循的是实质等同原则，通俗点来说，就是将转基因品种与同样的传统品种比较，如果成分和安全性是相同的，那就没有理由说明是不安全的。公众可以怀疑转基因食品的安全性，但需要拿出证据证明转基因品种存在哪些不安全的地方。所以，转基因是否会进行商业化大规模种植与消费者的接受程度息息相关。2015年，我国农业部答复政协提案：国际上关于转基因食品的安全性是有权威结论的，即通过安全评价、获得安全证书的转基因生物及其产品都是安全的。

其实，转基因主粮已经提上日程。但考虑到公众接受程度，先从饲料开始分步发展，逐步推进。“将按照非食用、间接食用和食用的路线图。首先发展非食用的经济作物，其次是饲料作物、加工原料作物，再次是一般食用作物，最后是口粮作物。”

根据习近平总书记讲话精神，预计我国将加快研究和推广步伐，按分步发展步骤，将把已有的技术储备释放出来。同时，会在研究方向上作较大调整，以前研究主要关注于抗虫、抗药转基因品种的研发力度，以后将会向营养和品质改善等多方向发展。

未来我国转基因产业会按照习近平总书记的要求发展：“转基因是一项新技术，也是一个新产业，具有广阔发展前景。作为一个新生事物，社会对转基因技术有争论、有疑虑，这是正常的。对这个问题，我强调两点：一是确保安全，二是要自主创新。也就是说，在研究上要大胆，在推广上要慎重。”

转基因技术发展过程中倒逼不可避免

科学发展规律告诉我们，科技成长之路充满曲折和艰辛。许多新技术发展之初往往不被公众理解和接受，特别是围绕一些具有重大产业变革前景、对未来经济社会发展具有重大影响的“颠覆性”技术，少数人出于种种原因更会妄加攻击和阻挠，争议就更加激烈。然而，新生事物的成长、新技术革命的发展是不以人的意志为转移的。对于发展中国家而言，“倒逼”技术发展的现象是经常发生的。人们或因生产急需，或为形势所迫而不得不接受技术和产业的变革。此时若能乘势而上，奋起直追，倒有可能抓住新科技革命的机遇，甚至实现经济的腾飞；若是固步自封，抱残守缺，则将步步落后，终被飞速前进的时代所遗弃。

环视转基因育种发展之路，诸多国家起初往往也是靠倒逼，其中典型之例莫过于巴西了。早在1996年，巴西农民就发现种植转基因大豆能获得可观的经济效益，但当时因受禁用转基因的《环境法》的限制，要想购买转基因大豆种子只能靠边界走私，然而严厉的监管和惩罚却未能遏制非法种植的不断扩大。2003年，新政府上台，看到发展转基因不仅没有安全隐患，反倒能增加农业生产和扩大出口贸易，于是制定了支持转基因发展的新法律，变“堵”为“疏”，强力推进转基因作物产业化。不到10年，巴西转基因作物种植面积一跃为世界第二，增速更位居全球之首。

我国转基因技术发展过程中的倒逼现象也不少见。当年如果没有棉铃虫的肆虐、棉花生产的萎缩和外国公司的打压，我国转基因抗虫棉研究恐怕不会迅速上马；如果没有棉农的强烈呼声，国产抗虫棉也不会在短短几年间就推广至所有的植棉大省。同样，如果没有进口产品的挑战，我国也不可能快速完成抗病毒番木瓜自主研发并实现产业化。近年东北农民深受玉米螟等害虫危害，得知转基因玉米能抗虫、防霉变、少用农药、安全有保障，自然趋之若鹜，千方百计寻求发展。虽然按照现行法规，对尚未批准种植的转基因产品要严加监管，不准销售，但换个角度看，也须因势利导，加快我国自主研发，及早批准和推进转基因抗虫玉米产业化。

转基因技术发展今后更要靠创新驱动

转基因技术是一项先端技术，也是各国科技竞争的主要领域，中国对转基因的态度和做法也十分明确，那就是“积极研究、坚持创新、慎重推广、确保安全”。早在20世纪80年代，作为保障国家粮食安全的战略选择，转基因生物育种研究就得到了党和国家的高度重视和有力支持。在“发展高科技，实现产业化”方针的指引下，经过30年的努力我国已经初步建成了世界上为数不多的，包括基因克隆、遗传转化、品种选育、安全评价、产品开发、应用推广等环节在内的转基因育种科技创新和产业发展体系；拥有了一支达到国际水准的优秀人才队伍；一批创新型生物育种企业脱颖而出并迅速成长。特别是2008年“转基因生物新品种培育”国家科技重大专项的实施，更为科技创新注入新的活力，在加大研发力度的同时，更加注重转基因安全管理和科学普及。虽然目前我国转基因科技综合实力和整体水平同某些发达国家相比还有相当的差距，但已拥有抗病虫、抗除草剂、抗旱耐盐、营养品质改良等重要基因的自主知识产权和核心技术；棉花、水稻、玉米、大豆等转基因作物基础和应用研究已形成一定特色和相对优势，并取得了一批达到或领先于国际水平的研究成果，具备了产业发展的基本条件。

《“十三五”国家科技创新规划》（简称《规划》）的特点是除了关注科学技术研究本身以外，更加瞄准国民经济主战场，更加针对面向科技前沿和国家发展重大需求，重点聚焦于科技原始创新和国家科技重大专项的实施，并突出企业的创新主体地位和主导作用。《规划》中围绕转基因育种，不仅制定了“推进新型抗虫棉、抗虫玉米、抗除草剂大豆等重大产品产业化”等具体指标，而且明确提出了2020年的宏伟目标——农业转基因生物研究整体水平跃居世界前列。值得注意的是，从目前转基因科技只是具有“一定特色和相对优势”到五年后“整体水平跃居世界前列”，这是一个巨大的跨越！不仅意味我国转基因研究必须加快创新步伐，而且政府管理、科技和产业发展体制机制都必须深化改革。显然，我们面对的是一项无比艰难的任务，一场极为严峻的挑战！

习近平总书记在2016年“科技三会”（全国科技创新大会、两院院士大会、中国科协第九次全国代表大会）上指出：“创新始终是一个国家、一个民族发展的重要力量，也始终是推动人类社会进步的重要力量。不创新不行，创新慢了也不行。如果我们不识变、不应变、不求变，就可能陷入战略被动，错失发展机遇，甚至错过整整一个时代。”2007年至今，“中央一号文件”已有8次明确提及转基因。2015年“中央一号文件”提出“加强农业转基因生物技术研究、安全管理、科学普及”；2016年“中央一号文件”进一步强调“在确保安全的基础上慎重推广转基因”。2016年8月，国务院正式印发《“十三五”国家科技创新规划》，明确实施一系列国家科技重大专项，其中包括转基因生物新品种培育专项，提出加强作物抗虫、抗病、抗旱、抗寒基因技术研究，加大转基因棉花、玉米、大豆研发力度，推进新型抗虫棉、抗虫玉米、耐除草剂大豆等重大产品产业化。

我国转基因生物育种发展正处在关键时刻。如果听任极少数人肆意妖魔化转基因和干扰政府决策，社会就会陷入无谓之争而乱象纷生。这样，我国就将失去科技革命发展的难得机遇，积多年努力获得的转基因成果将会得而复失。如果我们不能加大自主创新力度、加快已有科研成果的推广应用，就难以实现转基因科技整体水平的跃升和农业发展方式的转变，无法同国外公司抗衡，一旦出现危及国家粮食安全的不测事件，经济社会发展也将受到严重影响。总

之，形势喜人，形势逼人。转基因技术的发展今后不能被动等待倒逼，也不能满足于技术模仿和跟踪，更多地要靠锐意进取，创新驱动。

玉米供给侧改革——不发展转基因不行

玉米是我国第一大作物，产量的80%以上用作畜禽饲料和深加工原料。近年来，国内玉米种植面积不断扩大，产量增加，但生产资料成本和补贴也不断提高，以致国内外玉米价格倒挂，进口转基因玉米不断增加，国内玉米库存大量积压。面对国产玉米没人要的严峻形势和财政亏损的巨大风险，政府决定加快“去库存、降成本、补短板”的供给侧改革，采取了改革收储制度、下调玉米收购价格、压缩玉米种植面积等应对措施。就玉米而言，进行供给侧改革十分必要，但是，要想改革到位并获得成效，还须对国内玉米供给与需求，以及玉米科技与市场竞争力等问题进行全面和深入的分析。以下是中国农业科学院黄大仿研究员的观点。

目前玉米库存积压，能说明玉米已供过于求了吗?

众所周知，工业化、城镇化的加快和城乡人民生活水平的提高，必然反映在肉、蛋、乳、食用油等产品需求的不断增加，从而带动玉米、大豆等饲料作物生产和深加工的快速发展。

国际上衡量一个国家畜牧业发展和人民生活水平的指标之一是人均玉米消耗量。据FAO（2016年）统计，2000年以来中国玉米单产年均增长仅0.89%，而玉米需求平均年增7.3%。近年人均玉米消耗增长更快，从2008年的126.4千克增至2011年的140千克，到2015年达到200千克。2020年中国人口将达到

14.5亿，若人均玉米消耗量仍以200千克计算，届时玉米需求总量将达2.9亿吨，而我国近年玉米总产虽然逐步增加，但目前产量不过2.16亿吨。据此推算，如果现有育种、耕作等生产技术没有大的突破，生产方式没有大的转变，未来有可能出现数千万吨的供需缺口。国内外不少专家认为，虽然目前我国玉米库存积压，但仍属暂时现象，从长远看，国内玉米生产仍难以满足需求的刚性增长。

近几年有关部门对转基因玉米进口进行了限制，年进口数量已压低到300万~500万吨，但值得注意的是，为了满足国内饲料供应，同时却大量进口了玉米的替代品，如2005年进口了700万吨大麦、700万吨高粱、620万吨转基因玉米干酒糟，总量超过2000万吨。这也一定程度上反映出国内饲料的供求现状和快速增长趋势。

我国玉米生产与科技水平究竟怎样?

我国玉米种植面积（5.45亿亩）与美国（5.5亿亩）接近，总产量却比美国少三分之一，主要原因在于美国玉米单产水平高达600千克/亩，而我国仅400千克/亩。作物的单产水平是农业技术水平的集中体现。美国采用转基因技术，结合其他先进育种手段，仅用了十多年时间就使玉米单产提高了30%，这充分显示出生物育种创新的强大活力。巴西、阿根廷等国近年之所以能成为玉米、大豆等农产品的出口大国，主要也是依靠发展生物技术和推行先进的集约化、机械化生产方式。事实证明，先进生物育种技术的推广应用可以有效降低生产成本和提高生产效率。相比之下，我国玉米生产仍主要依靠传统育种技术，基础设施与生产方式比较落后，近年玉米产量虽在增加，但多数是挤占其他作物种植面积而非单产的增加，是靠资源过度消耗而非生产效率的提升。因此，国内科技创新与市场竞争力的缺乏才是当前玉米价格倒挂、进口增加、库存积压的深层次原因。可见，玉米问题的根本出路在于科技创新，在于转变生产方式。

“补短板”应从哪里切入？不发展转基因行不行？

农业供给侧改革当前涉及“去库存、降成本、补短板”等三项举措，三者之间紧密相关、彼此依存、相辅相成。改革的关键是降低生产成本和产品价格，只有国内玉米价格同国际市场价格持平，才能最终去掉库存和减少进口。所谓补短板，包括加强农业基础设施建设、农产品结构调整等内容，目的也是为了增强科技和市场竞争力。具体到玉米，当前急需补上的一块短板就是转基因技术的应用。根据国内外经验，如果大力推进转基因生物育种，就会立竿见影，收到降低成本、提高单产的效果。

例如，因受玉米螟等害虫危害，我国玉米平均减产10%~20%，严重危害时甚至可造成绝收。我国现已自主研发了技术达到国际先进水平的转基因抗虫、抗除草剂玉米，不仅可减少80%的农药用量和真菌污染霉变，还有利于实施玉米免耕、机械化等先进耕作方式，大幅度降低生产成本和保障增产增收。据专家估算，若推广应用抗虫转基因玉米1亿亩（相当于东北三省玉米总面积的一半），按每亩保产10%计算，每年即可挽回500万吨产量损失（可望玉米近期无需进口）；若全国普遍推广，每年可增产玉米2000万吨以上，农民增收达400亿元，玉米生产成本将显著下降，供求矛盾将有效缓解。此外，我国还自主研发了转基因植酸酶玉米，能从源头上有效治理畜禽粪便造成的水域和土壤污染，并可提高饲料磷养分利用率30%，创造可观的生态环境和经济社会效益。以上成果技术均已成熟，能够确保安全，差的只是推广应用的信心与决心。

在目前玉米库存积压的情况下，有人认为没有必要再发展转基因玉米，这是一种片面和短视的看法。我国转基因作物产业化已严重落后于美国、巴西、阿根廷等国际粮食输出大国。当前如果不能把握好供给侧改革的真谛，即便去了些库存、压缩了玉米种植面积，倘若依然沿袭传统生产方式，不尽快推进完全可以确保安全的转基因玉米的产业化，不能补上科技的短板，今后仍难同进口玉米竞争，一旦国际市场粮价波动，我国就会陷入更加受制于人的被动局面。

全国政协双周协商座谈会，围绕“转基因农产品的机遇与风险”建言献策

2015年10月8日，全国政协在京召开第三十九次双周协商座谈会，围绕“转基因农产品的机遇与风险”建言献策。时任全国政协主席俞正声主持会议并讲话。全国政协委员陈锡文、万建民、崔永元、陈章良、伍跃时、方荣祥、李崴、史贻云、彭于发、薛亮、张德兴、肖新月、武维华，以及专家学者马荣才、张勇飞、黄大昉在座谈会上发言。

一些委员建议，要从国家全局和长远发展来考虑转基因农产品的研究、推广和监管。一是大胆研究。注重向基础研究倾斜，在应用研究上要发挥企业的积极性，要加强安全研究。二是慎重推广。要区分食用与非食用、主粮与非主粮的不同情况，对主粮的应用推广要十分慎重。要考虑转基因科技知识的普及程度、群众的接受程度以及现有的管理水平，坚持安全第一，群众信任第一。三是切实监管。严格执行法规，建立明确的分工协作和责任追究机制，建立非利益相关的第三方检测机构，加大监管资金投入。制定和完善有关规范标准，建立公开透明机制，充分保障消费者的知情权和自主选择权。欢迎各方面监督，以监督促监管。

农业部副部长张桃林介绍了有关情况。科技部副部长张来武、国家食品药品监督管理总局副局长滕佳材参加了会议并与委员互动交流。全国政协非常关注转基因农产品问题，很多委员通过提案等形式提出意见建议。会前，九三学社中央委员会、全国政协经济委员会进行了专题调研。

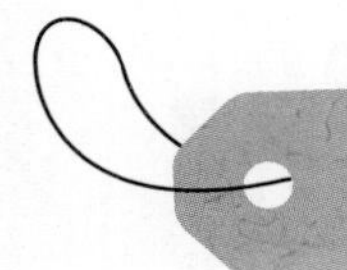

人民政协网：全国政协双周协商座谈会综述——在科研上抓住转基因发展机遇

你了解转基因技术吗？你购买转基因农产品吗？转基因食品是否安全？种植转基因作物是否会破坏生态环境？我国转基因安全管理是否有保障？千万别急于回答这些问题。转基因是近30年发展起来的生物高科技。近年来，世界范围内包括我国对转基因作物带来的不确定性风险的争论从未停止。但纵观世界科技发展史，每一项科学技术的突破和发展，恰会因争议而更加完善。

2015年10月8日，国庆长假后第一天，由时任全国政协主席俞正声主持的全国政协第三十九次双周协商座谈会如期举行。20余位来自全国各地相关领域的全国政协委员、权威专家学者，与科技部、农业部、国家食品药品监督管理总局的负责人坐在一起，从不同层面、不同视角，以理性客观的态度，就“转基因农产品的机遇与风险”热点问题，直抒胸臆，坦诚交流。

与会代表认为，相关部门对转基因问题的态度需进一步明确，转基因技术的研究属于科学范畴，需要给科学家话语权，加大研究力度；而转基因在市场监管、舆论引导等也会引发商业问题和社会问题，需针对市场进行“发力”，让科学的归科学，市场的归市场，才能令这项生物新技术真正实现服务社会造福人类的价值。

为了说清一个科学问题

全国政协常委、时任中国科协副主席陈章良是世界上最早一批从事转基因研究的科研人员。1987年他从美国学成回国，把当时处于国际学术前沿的转基因生物技术首次引入中国。始料未及的是，因各方认识不同，转基因进入中国28年后的2015年，竟从一个单纯的科学研究，演变成饱受质疑和争议的话题。这使亲身经历整个转基因话题发酵过程的陈章良颇为无奈。当他得到全国政协关于该主题的双周协商座谈会邀请时，迅速作出回应，不仅要参加座谈会还要参加调研准备活动。“我需要这样的机会和平台，现在转基因技术的发展困难重重，我想多听听别人是怎么想的，也让别人听听我是怎么想的。”

本次双周协商座谈会对转基因的关注并非偶然。许多政协委员曾针对该问题，通过提案等形式提出意见和建议。尤其在全国两会上，关于转基因的建言献策更不在少数。2015年年初，全国政协制定本年度协商工作计划时，敲定了十大重点协商议题，“转基因农产品的机遇与风险”是其中之一。“转基因是社会热点问题，专业性非常强，即便在专业领域也有不同看法，想把这个问题说清楚难度可想而知。”筹备和承办此次座谈会的全国政协经济委员会办公室相关负责人坦言，为了座谈会的客观、务实和全面，为了让不同的声音在政协的平台上“协商”，委员会的工作人员，在“充分搜集各方意见，尽量摸清客观事实”上下足了功夫。

2015年6月末的湖南，已经开始显露暑热的痕迹。一片绿油油的稻田边，全国政协经济委员会主任周伯华带队的调研组成员，仔细观察着这些转基因水稻与普通水稻的细微区别。湖南是调研组在国内调研的第一站也是唯一一站。用周伯华的话说，湖南的转基因研究深具典型性，省里主要领导对转基因农产品研究高度重视。更重要的是，湖南有自己的转基因研究基地，有领军人物，且取得一定成果。在这样好的基础上，农业转基因技术研究、应用等方面进展怎样，还面临什么困难，安全监管工作落实情况如何？在湖南的实地调研为调研组征得内容丰富的“样本”。

对湖南的调研情况以及当前全国转基因的发展现状进行梳理整合分析后，专题组在中国农科院召开现场会，委员与专家们来了一次“非正式会晤”，畅所欲言地就相关内容和观点进行再探讨、再推敲。距离座谈会举行还剩下整整一个月，专题调研组又出发了。这一次跨越半个地球，从中国的稻田，走进了西班牙、英国和法国的农场。

我国转基因面临的问题并非独有，而是具有世界普遍性的，但每个国家的态度和处理方式各有不同。“他山之石可以攻玉”，委员们非常珍视难得的机会，在与西班牙食品、农业和环境部、农业和食品技术研究所，英国农业部，法国全国种子及种苗跨行业联合体的座谈讨论中，抓住每一个机会，就自己关心的话题进行切磋。带队考察的全国政协常委、经济委员会副主任，中央农村工作领导小组副组长陈锡文说，欧盟和西班牙整个社会对转基因的看法与中国很相似，欧盟对转基因作物管理应用的相关政策以及社会公众的反应，可以与我们形成相互借鉴。

整合力量围绕转基因重点协商议题深入调研，将协商贯穿于调研过程之中，通过协商深化调查研究，通过调研提高协商质量，扎实有序地组织实施工作，让参与的委员感觉收益颇丰。

在科研上牢牢抓住转基因发展机遇

2015年10月8日下午3点，全国政协礼堂。这场思想的饕餮盛宴正式拉开。要把与会代表满脑子关于转基因的想法，浓缩到“会议8分钟”甚至“5分钟”，考验的是另一种智慧。

在全国政协委员、时任中国农科院作物科学研究所所长万建民（现任中国工程院院士、中国农科院副院长）看来，农业转基因技术其实就是一项用于品种改良的新技术，实现的是对品种的定向改造，更加高效地对品种的抗性、品质、产量等性状进行协调改良，30多年来在缓解资源约束、保障粮食安全、保护生态环境、拓展农业功能等方面显示了巨大潜力。目前无论是发达国家还是发展中国家，均把以转基因为核心的生物技术作为增强产业核心竞争力和推动产业提质增效的战略举措。

我国对转基因技术的研究和产业化给予大力支持，我国的转基因生物技术与发达国家同时起步，甚至曾经处于世界领先地位。“近十年来，在某些国外环保组织和国内舆论的误导下，我国转基因技术的发展变得困难重重，推广几乎停滞，在很多领域已经落后于主流国家的先进水平。”

自20世纪80年代以来，陈章良常委曾连续三届在我国“863计划”专家委员会中负责转基因技术的管理，支持了一大批转基因作物的研究并进入大田实验。转基因技术推进的由盛而衰，他再清楚不过。

全国政协常委李崴被选为发言人的情况，有些“不同”。今年，全国政协首次发出《关于政协全国委员会2015年双周协商座谈会有关事宜致委员的一封信》，提出根据全年双周协商座谈会安排，由全体委员根据工作领域和专长，自愿选择主题深入调研，提交发言材料，再由组织实施者进行综合选择。李崴正是通过这种方式“脱颖而出”的。

“有些人借某些未经证实的不确定性否定转基因作物，视其为洪水猛兽，盲目排斥。”李崴对转基因式微的现状焦急万分。他说，中国在转基因技术上已经落后了，必须奋起直追，如果我们坚持不研究、不应用先进的转基因技术改善农作物的生产，十年二十年后我国的转基因技术再落后于世界几十年时，我们将不仅在大豆，甚至在技术以及更多的农产品、食品上依赖于别国。

“生物技术是高度专业化的前沿科学，隔行如隔山，转基因的科学问题，应由研究转基因相关的生物技术科学家来说清楚。不应由、也不可能由全民讨论甚至其他领域的科学家来决定。”全国政协委员、中国农业科学院原党组书记薛亮的观点深具代表性，但并不偏激，因为他同时认为，要给消费者自主选择权。提出通过进一步完善转基因产品标识制度，让消费者根据自己对转基因的认识、理解和意愿，自主、自由地选择接受还是拒绝转基因产品。

“加大研究力度，大胆创新，占领转基因技术制高点”，这是委员们在转基因技术研究问题上的共同观点。转基因是为数不多的我国与发达国家同时起步的生物新技术，当前正处于从第一代技术向第二代技术发展的阶段，这给转基因技术的研发者和管理部门带来了新的机遇和挑战。委员们建议，在“十三五”规划中要深入分析转基因技术的发展趋势，确定产品的战略目标，加强源头创新和基础研究，为转基因技术提供持续动力；还要从国家层面、在战略高度，布局转基因生物的前瞻性多学科综合研究，为转基因的深度推广奠定扎实的科学理论基础和科学普及的知识基础，为重要潜在风险的防控建立必要的知识和技术储备。

对风险的正视也是一种促进

时任全国政协委员崔永元的忧虑来自于转基因作物在推广过程中监管上的巨大漏洞以及法律的缺位，并且在社会上呼吁已久。“据我个人调查，我国转基因作物滥种严重，监管缺位，标识缺失，使得安全性成为主要隐患。”他建议，查处滥种不能止步于问责农民，要问罪制种兜售企业，要将“转基因成分”纳入国家强制标准，在末端销售环节加强抽检。

诚如本次主题“转基因农产品的机遇与风险”。当机遇和风险发生“碰撞”，与会代表正视和消除这些风险的意见建议，也是对转基因发展之路的另一种促进。

如果政府部门在管理工作上总是“慢半拍”，经常在媒体不一定准确的“曝光”之后再被动跟进，无疑会加剧公众对转基因技术的质疑和认识上的混乱。全国政协常委、九三学社中央副主席、中国科学院院士武维华也曾带队对转基因进行过调研。他认为，虽然有关转基因技术争议的缘由是多方面的，但如果政府相关部门在管理层面的工作做得更好一些，则可能既有利于争议的平息，也有利于转基因技术的健康发展，还有助于提高政府公信力和治理能力。建议各级政府依法、科学、主动积极地对转基因研发和应用进行严格有效的监管，及时公开透明地公布公众关心的相关情况。

作为地方代表，全国政协委员史贻云介绍了基层转基因作物安全监管中存在的问题，建议要重视建立转基因食品可追溯制度。全国政协委员肖新月是从事药品质量标准和标准化研究工作的，针对转基因产品监管，她提出，按照事情的轻重缓急，当务之急应是按各类产品用途，制定“安全”评价标准，按产品中转基因成分划分风险等级并分类。

科学舆论引导，这是座谈会的另一个讨论焦点

片面认知就会造成困惑和恐慌的蔓延，这种片面的认知不仅存在于有关部门，还存在于一些媒体和公众。全国政协委员、中国科学院北京基因组研究所副所长张德兴提出，规范企业、科研院所等对转基因农产品的宣传，在宣传和与公众的对话中，既要发挥科学家的权威性，保持前后一致，又要避免武断，坚持实事求是地客观宣传。李崴常委在发言中说，国家有关部门、科研单位和科学家在广泛进行转基因技术科普工作时，要讲究方式方法，让公众听得懂、可接受。甚至可以开放部分实验室，扩大公众的知情权和参与度。

要多部门协调，建立科普宣传和风险交流的长效机制。要加大转基因技术成果应用和国际前沿信息的报道，让老百姓熟悉转基因技术的前景和利弊。

相关信息

转基因生物和转基因食品相关网络链接

转基因权威关注-科普宣传　http://www.moa.gov.cn/ztzl/zjyqwgz/kpxc/

基因农业网　http://www.agrogene.cn/

Nature自然科研　https://weibo.com/natureresearch?is_hot=1

知识分子　https://www.zhihu.com/org/zhi-shi-fen-zi-68-1/activities/

中国农业信息网　http://www.agri.cn/

智种网NOVOSEED　http://www.zx590.com/u/1015496/

转基因微问答　https://weibo.com/u/5583896974?refer_flag=1005055013_&is_hot=1

中国粮油网　http://www.liangyou.biz/

科学公园　https://weibo.com/sciencepark?is_hot=1

中国科技网　http://www.stdaily.com/

中国科学报　http://www.csd.cas.cn/

转基因微问答转基因ABC　https://weibo.com/u/5583896974?refer_flag=1005055013_&is_hot=1

中国科学杂志社　http://www.scichina.com/

果壳网　http://www.guokw.com/

公共食谈　https://685376.kuaizhan.com/

大河健康网　http://www.dhjk.cn/index.html

上海市科学技术协会　http://www.sast.gov.cn/

转基因ABC http://www.jinciwei.cn/

《中国科学》杂志社 http://www.scichina.com/

科通社 http://www.360doc.com/content/16/0829/10/10048954_586704388.shtml

科学松鼠会 http://songshuhui.net/archives/author/songshuhuinet/

转基因生物和转基因食品相关法律、法规与行政规章

全国人民代表大会常务委员会《中华人民共和国食品安全法》：2009年2月28日第十一届全国人民代表大会常务委员会第七次会议通过，2015年4月24日第十二届全国人民代表大会常务委员会第十四次会议修订。

国务院《农业转基因生物安全管理条例》：2001年5月23日中华人民共和国国务院令第304号发布，2011年1月8日《国务院令关于废止和修改部分行政法规的决定》、2017年10月7日《国务院关于修改部分行政法规的决定》修订。

农业部《农业转基因生物安全评价管理办法》：2002年1月5日农业部令第8号公布，2004年7月1日农业部令第38号、2016年7月25日农业部令第7号、2017年11月30日农业部令第8号修订。

农业部《农业转基因生物标识管理办法》：2002年1月5日农业部令第10号公布，2004年7月1日农业部令第38号、2017年11月30日农业部令第8号修订。

农业部《农业转基因生物进口安全管理办法》：2002年1月5日农业部令第9号公布，2004年7月1日农业部令第38号、2017年11月30日农业部令第8号修订。

农业部《农业转基因生物加工审批办法》：经2006年1月16日农业部第3次常务会议审议通过，自2006年7月1日起实施。

国家质量监督检验检疫总局《进出境转基因产品检验检疫管理办法》：经2001年9月5日国家质量监督检验检疫总局局务会议审议通过。

转基因生物专业管理机构

国务院农业行政主管部门（农业农村部）

负责全国农业转基因生物安全的监督管理工作。县级以上地方各级人民政府农业行政主管部门负责本行政区域内的农业转基因生物安全的监督管理工作。县级以上各级人民政府有关部门依照《中华人民共和国食品安全法》的有关规定，负责转基因食品安全的监督管理工作。

国家农业转基因生物安全委员会

负责农业转基因生物的安全评价工作。国家农业转基因生物安全委员会由从事农业转基因生物研究、生产、加工、检验检疫、卫生、环境保护等方面的专家组成，每届任期五年。

农业农村部农业转基因生物安全管理办公室

负责农业转基因生物安全评价管理工作。

参考文献

[1] 农业部农业转基因生物安全管理办公室，中国农业科学院生物技术研究所，中国农业生物技术学会. 转基因30年实践 [M]. 农业科技出版社，2012：1-353.

[2] 农业部农业转基因生物安全管理办公室. 你了解我吗？农业部转基因生物连环画 [M]. 中国农业出版社，2012：1-142.

[3] 方玄昌. 转基因“真相”中的真相 [M]. 北京日报出版社（原同心出版社），2016.

[4] 刘定干. 基因、转基因和我们——遗传科学的历史和真相（揭露“转基因致癌”伪科学风波始末，告诉大家转基因是福不是祸）[M]. 上海科学技术出版社，2018.

[5] 农业部农业转基因生物安全管理办公室. 农业转基因科普知识百问百答——种子篇 [M]. 中国农业出版社，2016.

[6] 农业部农业转基因生物安全管理办公室. 农业转基因科普知识百问百答——品种篇 [M]. 中国农业出版社，2016.

[7] 吉林省农业科学院，农业部科技发展中心，农业部农业转基因生物安全管理办公室. 神奇的转基因技术30问 [M]. 中国农业出版社，2012：1-30.

图书在版编目（CIP）数据

转基因的真相与误区 / 沈立荣编著 . — 北京：中国轻工业出版社，2019.11

ISBN 978-7-5184-2233-3

Ⅰ . ①转… Ⅱ . ①沈… Ⅲ . ①转基因技术 – 普及读物 Ⅳ . ① Q785-49

中国版本图书馆 CIP 数据核字（2018）第 256440 号

责任编辑：伊双双　罗晓航　　责任终审：张乃柬　　封面设计：青籽儿
版式设计：锋尚设计　　责任校对：吴大鹏　　责任监印：张　可

出版发行：中国轻工业出版社（北京东长安街6号，邮编：100740）
印　　刷：北京画中画印刷有限公司
经　　销：各地新华书店
版　　次：2019年11月第1版第2次印刷
开　　本：720×1000　1/16　印张：12
字　　数：150千字
书　　号：ISBN 978-7-5184-2233-3　定价：36.00元
邮购电话：010-65241695
发行电话：010-85119835　传真：85113293
网　　址：http://www.chlip.com.cn
Email：club@chlip.com.cn
如发现图书残缺请与我社邮购联系调换
191310K1C102ZBW